INTERIOR
DECORATION DESIGN

室内
软装全案设计

李江军　编

中国电力出版社
CHINA ELECTRIC POWER PRESS

内容提要

本书从软装基础知识入手，内容涵盖软装风格定义与常用元素、软装色彩原理与配色方案、软装图案分类与装饰应用、软装家具搭配与陈设艺术、软装花艺的搭配美学、软装灯饰搭配与室内照明方案、装饰画的搭配与悬挂技法、软装布艺分类与搭配法则、软装饰品的搭配应用。本书在注重软装艺术基础理论的同时，兼具实用性和观赏性，是室内设计、软装陈设、环艺设计等领域在校师生和设计师的案头必备用书。

图书在版编目（CIP）数据

室内软装全案设计 / 李江军编. —北京：中国电力出版社，2018.7
ISBN 978-7-5198-1948-4

Ⅰ．①室… Ⅱ．①李… Ⅲ．①室内装饰设计 Ⅳ．①TU238.2

中国版本图书馆CIP数据核字（2018）第076713号

出版发行：中国电力出版社
地　　址：北京市东城区北京站西街19号（邮政编码100005）
网　　址：http://www.cepp.sgcc.com.cn
责任编辑：曹　巍　联系电话：010-63412609
责任校对：王小鹏
责任印制：杨晓东

印　　刷：北京盛通印刷股份有限公司
版　　次：2018年7月第一版
印　　次：2018年7月北京第一次印刷
开　　本：710毫米×1000毫米　16开本
印　　张：15
字　　数：301千字
定　　价：88.00元

前　言

FOREWORD

　　软装全案设计是指满足业主在装修中的所有软装需求，为业主提供一站式的设计服务，包括软装方案设计、软装家具定制、软装饰品采购、软装饰品摆场等流程。这里所说的软装饰品除家具之外，还包括灯饰、布艺、花艺、挂画、摆件、壁饰等元素，它们在遵循合理色彩搭配的基础上，通过完美的设计手法将所要表达的空间意境呈现出来。

　　想要做一名优秀的软装设计师，一方面需要了解足够数量的软装饰品的色彩、质感、规格、价格等特点，这样在选择的时候才有可能找到适合设计主题的元素，保证设计主题所指引的最终效果能够实现；另一方面必须熟练掌握搭配技巧，凭借自己对色彩、质感和风格的整体把握和审美能力，对软装元素进行统一规划，最终完成整体艺术效果。

　　本书邀请国内外多位软装设计行业的专家担任顾问，从软装设计基础知识入门，与读者分享当今十多种流行软装风格的特点与元素应用，并且对软装色彩原理与配色方案进行了深入分析与阐述。家具是室内体量最大的软装配饰之一，书中不仅详解了软装家具的功能和风格印象，并且对家具陈设要点做了具体的解析。灯饰是软装设计中不可或缺的内容，书中介绍了室内空间中常见的灯饰造型与材质，以及不同家居风格的灯饰搭配要点，并且非常详细地罗列出每一个家居功能空间的照明方案。软装布艺是室内环境中除家具以外面积最大的软装配饰，本书从窗帘、抱枕、布艺、地毯四大细节入手，让读者深入了解软装布艺的风格搭配与材质种类，而且对于不同家居功能空间的布艺设计都做了详细的说明。花器与花艺戏份虽少，却能点亮整个居住环境，还能赋予空间勃勃生机；装饰画是室内最为常见的软装元素之一，它的作用不仅仅是填补墙面的空白，更要体现出居住者的品位。本书针对这两部分内容做了入木三分的剖析，让读者能够更加全面地认识花艺与装饰画在室内空间中的搭配要点。不同材质与造型的工艺饰品给空间带来不一样的视觉感受，本书除了介绍软装工艺饰品的相关理论知识之外，更对如何利用饰品布置和打造空间美感做了实用性的深入解析。

　　本书在注重软装艺术基础理论的同时，还邀请软装专家对诸多案例进行了详细解读，兼具实用性与观赏性的双重特点，是室内设计、软装陈设、环艺设计等领域在校师生和设计师的案头必备用书。

Contents
目 录

01

第一章

软装设计基础

| 软装设计的定义

真正完整的室内设计实际上由两部分构成，即硬装设计与软装设计。在室内设计中，室内建筑设计可以称为硬装设计，而室内的陈设艺术设计可以称为软装设计。硬装是建筑本身延续到室内的一种空间结构的规划设计，可以简单理解为一切室内不能移动的装饰工程；而软装可以理解为一切室内陈列的可以移动的装饰物品，包括家具、灯具、布艺、花艺、陶艺、摆饰、挂件、装饰画等。

经过前期由硬装完成结构的划分、布局的安排、基础的铺设后，软装才能粉墨登场。如果把硬装比作居室的躯壳，软装则是其精髓与灵魂之所在。

软装一词是近几年来业内约定俗成的一种说法，其实更为精确地说应该叫作家居陈设。家居陈设是指在某个特定空间内对家具陈设、家居配饰、家居软装饰等元素通过完美的手法加以设计，将所要表达的空间意境呈现出来。

从空间环境方面来看，软装可分为住宅空间内的陈设和公共空间内的陈设。从软装的功能性来看，一般分为实用性和观赏性两大类。实用性软装指的是具有很强功能性的物品，如沙发、灯具、布艺等。观赏性软装是指主要供观赏用的陈设品，如装饰画、花艺、饰品等。

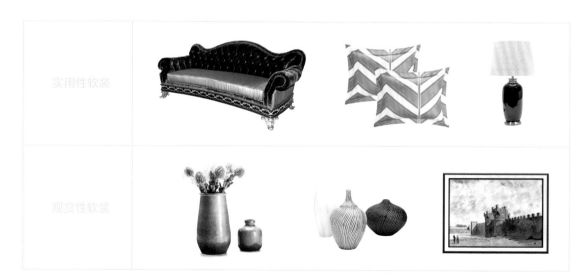

实用性软装		
观赏性软装		

2 软装设计的五大功能

表现室内风格

　　室内环境的风格按照不同的构成元素和文化底蕴，主要分为中式风格、现代简约风格、欧式风格、乡村风格、新古典风格等。室内空间的整体风格除了靠前期的硬装来塑造之外，后期的软装布置也非常重要，因为软装配饰素材本身的造型、色彩、图案、质感均具有一定的风格特征，对室内环境风格可以起到更好的表现作用。

◆ 欧式风格软装布置

◆ 中式风格软装布置

调节室内色彩

　　在家居环境中，软装饰品占据的面积比较大。在很多空间里面，家具占的面积超过了40%，其他如窗帘、床罩、装饰画等饰品的颜色，对整个房间的色调形成也起到很大的作用。

◆ 现代简约风格软装布置

◆ 利用布艺给素白空间增彩

营造环境氛围

软装设计在室内环境中具有较强的视觉感知度，因此对于渲染空间环境的气氛，具有巨大的作用。不同的软装设计可以造就不同的室内环境氛围，例如欢快热烈的喜庆气氛、深沉凝重的庄严气氛、亲切随和的轻松气氛、高雅清新的文化艺术气氛等，给人留下不同的印象。

◆ 利用软装营造喜庆的氛围

节省装饰费用

许多家庭在装修的时候总是喜欢大动干戈，不是砸墙就是移墙，既费力还容易造成安全隐患。而且居室装修不能保值，只能随着时间的推移贬值、落伍、淘汰，守着几十年的装修不放，只能降低自己的居住质量和生活品质。如果能在家居设计中善用一些软装配饰，而不是一味地侧重装修，不仅能够花小钱做出大效果，还能减少日后家居设计因样式过时要翻新时造成的损失。

轻松变换空间

软装另一个作用就是能够让居家环境随时跟上潮流，随心所欲地改变居家风格，随时拥有一个全新风格的家。比如，可以根据心情和四季的变化，随时调整家居布艺。夏天的时候，给家里换上轻盈飘逸的冷色调窗帘，换上清爽的床品，浅色的沙发套等，家里立刻显得凉爽起来；冬天的时候，给家换上暖色的家居布艺，随意放几个颜色鲜艳的靠垫或者皮草，温暖和温馨的感觉立刻升级。 或者，灵活运用其他易更新的软装元素来进行装饰，就可以随时根据自己的心情营造出独特的风格空间。

◆ 同样的硬装基础，通过变换不一样的软装饰品后，表现出截然不同的装饰风格

确定风格

在软装设计中，最重要的概念就是先确定家居的整体风格，然后再用饰品做点缀。因为风格是大的方向，就如同写作时的提纲，而软装是一种手法，有人喜欢隐喻，有人喜欢夸张，虽然不同却各有千秋。

◆ 确定整体风格是软装设计的前提

前期规划

很多人以为，完成了前期的基础装修之后，再考虑后期的配饰也不迟。其实则不然，软装搭配要尽早着手。在新房规划之初，就要先将自己的习惯、喜好、收藏等全部列出，并与设计师进行沟通，使其在考虑空间功能定位、使用习惯的同时满足个人风格需求。

◆ 以壁炉作为重点展开整个客厅空间的软装设计方案

明确重点

设计重点可以让人掌握方向和顺序，这个重点就是希望人一进入到家中就会注意的亮点，它应该是比较大胆和明显的。例如选择一个大面窗户或是壁炉、大型艺术品等，从那里开始着手规划，让空间看起来是有经过深思熟虑的安排，让人感觉有条有理并散发和谐的氛围。当然重点也许会不止一个，只要感觉舒适，都是可以被接受的。

合理比例

软装搭配中最经典的比例分配莫过于黄金分割了。如果没有特别的偏好，不妨就用1：0.618的完美比例来规划居室空间。例如不要将花瓶放在窗台正中央，偏左或者偏右放置会使视觉效果活跃很多。但若整个软装布置采用的是同一种比例，也要有所变化才好，不然就会显得过于刻板。

◆ 软装搭配应把握好合理的比例

◆ 中性色调的客厅中增加两个橙色抱枕制造变化

细节变化

软装布置应遵循多样与统一的原则，根据大小、色彩、位置使之与家具构成一个整体。家具要有统一的风格和格调，再通过饰品、摆件等细节的点缀，进一步提升居住环境的品位。例如可以将有助于食欲的橙色定为餐厅的主色，但在墙上挂一幅绿色的装饰画作为整体色调中的变化。

◆ 利用色彩对比制造视觉冲突是软装设计的一种常见手法

对比运用

在家居布置中，对比手法的运用也是无处不在的。可以通过光线的明暗对比、色彩的冷暖对比、材料的质地对比、传统与现代的对比等使家居风格产生更多层次、更多样式的变化，从而演绎出各种不同节奏的生活方式。

把握节奏

节奏与韵律是通过体量大小的区分、空间虚实的交替、构件排列的疏密、长短的变化、曲柔刚直的穿插等变化来实现的。在软装设计中虽然可以采用不同的节奏和韵律，但同一个房间切忌使用两种以上的节奏，那会让人无所适从、心烦意乱。

◆ 对称的书架上出现随意陈列的书籍制造出变化感

轻重结合

稳定与轻巧的软装搭配手法在很多地方都适用。稳定是整体，轻巧是局部。软装布置得过重的空间会让人觉得压抑，过轻又会让人觉得轻浮，所以在软装设计时要注意色彩搭配的轻重结合、家具饰物的形状大小分配协调和整体布局的合理完善等问题。

◆ 注重色彩搭配的协调性

◆ 注重饰物形状大小的协调性

▷ 软装设计流程与方案制作

| 软装设计流程

第一次空间测量

　　进行软装设计的第一步，是对空间的测量，只有对空间的各个部分，进行精确的尺寸测量，并画出平面图，才能进一步展开其他的装修。为了使今后的软装工作更为得心应手，对空间的测量应当尽量保证准确。

与业主进行风格元素探讨

　　在探讨过程中要尽量多与业主沟通，了解业主喜欢的装修风格，准确把握装修的方向。尤其是涉及家具、布艺、饰品等细节元素的探讨，特别需要与业主进行沟通。这一步骤主要是为了使软装设计流程中的软装配饰的效果，既与硬装的装修风格相适应，又能满足业主的特殊需要。

初步构思软装方案

　　在与业主进行深入沟通交流之后，接下来设计师就要确定室内软装设计初步方案。初步选择合适的软装配饰，如家具、灯饰、挂画、饰品、花艺等。

签订软装设计合同

　　与业主签订合同，尤其是定制家具部分，确定定制的价格和时间。确保厂家制作、发货的时间和到货时间，以免影响进行室内软装设计时间。

完成二次空间测量

　　在软装设计方案初步成型后，就要进行第二次的房屋测量。由于已经基本确定了软装设计方案，第二次测量要比第一次的更加仔细精确。软装设计师应对室内环境和软装设计方案初稿反复考量，反复感受现场的合理性，对细部进行纠正，并全面核实饰品尺寸。

制订软装方案

在软装设计方案与业主达到初步认可的基础上，通过对于配饰的调整，明确在本方案中各项软装配饰的价格及组合效果，按照配饰设计流程进行方案制作，出台正式的软装整体配饰设计方案。

讲解软装方案

为业主系统全面地介绍正式的软装设计方案，并在介绍过程中不断反馈业主的意见，征求所有家庭成员的意见，以便下一步对方案进行归纳和修改。

调整软装方案

在与业主进行完方案讲解后，深入分析业主对方案的理解，让业主了解软装方案的设计意图，同时，软装设计师也应针对业主反馈的意见对方案进行调整，包括色彩、风格等软装整体配饰中的一系列元素调整与价格调整。

确定软装配饰

一般来说，家具占软装产品比重的60%，布艺类占20%，其余的如装饰画、花艺、摆件、小饰品等占20%。与业主签订采买合同之前，先与软装配饰厂商核定价格及存货，再与业主确定配饰。

进场前产品复查

软装设计师要在家具未上漆之前亲自到工厂验货，对材质，工艺进行初步验收和把关。在家具即将出厂或送到现场时，设计师要再次对现场空间进行复尺，在现场对已经确定的家具和布艺等尺寸进行核定。

进场时安装摆放

配饰产品到场时，软装设计师应亲自参与摆放，软装整体配饰里所有元素的组合摆放要充分考虑到元素之间的关系以及业主生活的习惯。

做好饰后服务

软装配置完成后，应对业主室内的软装整体配饰进行保洁、回访跟踪、保修勘察及送修。

01 / 封面设计

封面是一个软装设计方案给甲方的第一印象，是非常重要的，封面的内容除了标明"某某项目软装设计方案"外，整体排版要注重设计主题的营造，封面选择的图片清晰度要高，内容要和主题吻合，让客户从封面中就能感觉到这套方案的大概方向，引起客户的兴趣。

02 / 目录索引

方案部分的目录索引是每个页面实际要展示的内容概括名，根据逻辑顺序罗列清楚，可用简单的配图点缀，面积不要太大。

03 / 客户信息

客户信息需要清楚描述业主的家庭成员、工作背景和爱好需求，再通过这些信息了解到客户对使用空间的真正设计需求。

04 / 平面布置图

客户居住空间的平面布置图，图片最好清晰完整，去除多余的辅助线，尽量让画面看起来简洁清爽。

05 / 表达设计理念

设计理念是贯穿整个软装工程的灵魂，是设计师表达给客户的"设计什么"的概念，所以在这部分中要通过精练的文字清楚表达自己的思想。

06 / 风格定位

软装的设计风格基本都是延续硬装的风格，虽然软装有可能会区别于硬装，但是在一个空间中不可能完全把两者割裂开来，更好地协调两者才是客户最认可的方式。

07 / 色彩与材质定位

设计主题定位之后，就要考虑空间色系和材质定位。运用色彩给人的不同心理感受进行规划，定位空间材质，找到符合其独特气质的调性，用简洁的语言表述出细分后的色彩和材质的格调走向。

08 / 软装方案

根据平面图搭配出合适的软装产品，包括家具、灯具、饰品、地毯等，方案排版需尽量生动，符合风格调性，这样更有说服力。

09 / 单品明细

将方案中展示出的家具、灯具、饰品等重要的软装产品的详细信息罗列出来，包括名称、数量、品牌、尺寸等，图片排列整齐，文字大小统一。

10 / 结束语

封底是最后的致谢，表现礼仪，版面应尽量简洁，让人感受到真诚，风格和封面呼应，加深观看者的印象。

江苏·某某公馆样板房-大户型
室内软装设计方案

PART1 项目理解 PROJECT UNDERSTANDING

PART2 软装设计方案 INTERIOR DECORATION DESIGN

Fashion Luxurious

时尚 奢华

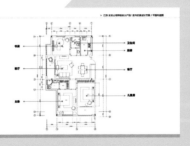

THANKS
江苏·某某公馆样板房
室内软装设计方案

02

软装风格定义

与常用元素

▎北欧风格设计重点

北欧风格总体来说可以分为三个流派，因为地域文化的不同而有所区分。分别是瑞典设计、丹麦设计、芬兰现代设计，三个流派统称为北欧风格设计。北欧风格家居以简洁著称，注重以线条和色彩的配合营造氛围，没有人为的图纹雕花设计，是一种对自然的极致追求。

许多北欧的房子本身就是砖砌建筑，通常会将砖墙墙面不加修饰地保留，简单刷饰

油漆，创造出怀旧与历史氛围，想要仿造北欧风格，可以运用保有石头质感的文化石，搭配绿意盎然的植栽，与自然更加融合。北欧空间里使用的大量木质元素，多半都未经过精细加工，其原始色彩和质感传递出自然的氛围。除了木材之外，北欧风格常用的装饰材料还有石材、玻璃和铁艺等，但都无一例外地保留这些材质的原始质感。大面积的木地板铺陈是北欧风格的主要风貌之一，让人有贴近自然、住得更舒服的感觉，北欧家居也经常将地板漆成白色，会有宽阔延伸的视觉效果。

家具

北欧家具一般都比较低矮，以板式家具为主，材质上选用桦木、枫木、橡木、松木等未经精加工的木料，尽量不破坏原本的质感。将与生俱来的个性纹理、温润色泽和细腻质感注入到家具中。

布艺

北欧风格常用白色、灰色系的窗帘。如果搭配得宜，窗帘上也可以出现大块的高纯度鲜艳色彩。北欧风格的地毯有很多选择，一些图案极简、线条感强的地毯可以起到不错的装饰效果。黑白色的搭配也是北欧风格地毯经常会使用到的配色。

花艺

对于北欧风格空间来说，搭配低饱和度色彩的花束以及绿植都是完美的组合。如小型的橄榄树盆栽、插在玻璃花瓶或细口瓶里的紫藤花等可以安身在任何合适的地方，清新的绿色，如春风拂面，温柔美好。

饰品

北欧风格中那份简洁宁静的特质是空间精美的装饰。室内几乎没有纹样图案装饰，自然清新，饰品相对比较少，大多数时候以植物盆栽、蜡烛、玻璃瓶、线条清爽的雕塑进行装饰。

装饰画

北欧风格的家居中装饰画的数量不宜过多，注意整体空间的留白。装饰画的题材或现代时尚，或自然质朴，再加上简而细的画框，有助于营造自然宁静的北欧风情。

1 现代简约风格设计重点

简约主义是在 20 世纪 80 年代中期对复古风潮的叛逆和极简美学的基础上发展起来的，上世纪 90 年代初期，开始融入室内设计领域。以简洁的表现形式来满足人们对空间环境那种感性的、本能的和理性的需求，这就是现代简约风格。

现代简约风格强调"少即是多"，舍弃不必要的装饰元素，将设计的元素、色彩、照明、原材料简化到最少的程度，追求时尚和现代的简洁造型、愉悦色彩。现代简约风格在硬装的选材上不再局限于石材、木材、面砖等天然材料，而是将选择范围扩大到金属、涂料、玻璃、塑料以及合成材料，并且夸大材料之间的结构关系。

装修简便、花费较少却能取得理想装饰效果的现代简约风格是年轻业主家庭的首选，这类家居风格对户型要求不高，一般中小户型公寓、平层或复式均可。

家具

现代简约风格的家具通常线条简单，沙发、床、桌子一般都为直线，不带太多曲线，造型简洁，强调功能，富含设计或哲学意味，但不夸张。

布艺

现代简约风格不宜选择花纹过重或是颜色过深的布艺，通常比较适合的是一些浅色并且具有简单大方的图形和线条作为修饰的类型，这样显得更有线条感。

花艺

现代简约风格家居大多选择线条简约、装饰柔美、雅致或苍劲有节奏感的花艺，线条简单。呈几何图形的花器是花艺设计造型的首选。色彩以单一色系为主，可高明度、高彩度，但不能太夸张，银、白、灰都是不错的选择。

饰品

现代简约风格家居饰品数量不宜太多，摆件饰品则多采用金属、玻璃或者瓷器材质为主的现代风格工艺品。

装饰画

现代简约风格家居可以选择抽象图案或者几何图案的挂画，三联画的形式是一个不错的选择。装饰画的颜色和房间的主体颜色相同或接近比较好，颜色不能太复杂，也可以根据自己的喜好选择搭配黑白灰系列线条流畅具有空间感的平面画。

▷ 现代港式风格

Ⅰ 现代港式风格设计重点

现代港式风格不仅注重居室的实用性，而且符合现代人对生活品位的追求，其装饰特点是讲究用直线造型，注重灯光、细节与饰品，不追求跳跃的色彩。

现代港式风格在处理空间方面一般强调室内空间宽敞、内外通透，在空间格局设计中追求不受承重墙限制的自由，经常会出现餐厅与客厅一体化或者开放式卧室的设计。在港式风格装饰中，简约与奢华是

通过不同的材质对比和造型变化来进行诠释的，在建材和家具的选择上非常讲究，多以金属色和线条感营造出金碧辉煌的豪华感。大量使用钢化玻璃，以不锈钢等新型材料作为辅助材料，是比较常见的装饰手法，能给人带来前卫、不受拘束的感觉。现代港式风格家居大多色彩冷静、线条简单，如果觉得这种过于冷静的家居格调显得不够柔和，就需要有一些合适的家居饰品进行协调、中和。

家具

一般现代港式家居的沙发多采用灰暗或者素雅的色彩和图案，所以抱枕应该尽可能地调节沙发的刻板印象，色彩可以跳跃一些，但不要太过艳丽，只需比沙发本身的颜色亮一点就可以了。

布艺

港式家居的窗帘通常以中性色居多，床上用品可以通过多种面料来实现层次感和丰富的视觉效果，比如羊毛制品、毛皮等，高雅大方。

餐具

港式家居中的用料和造型等大多精良，因此餐桌上常常选择那些精致的陶瓷餐具搭配桌布，点缀色常用深紫、深红等纯度低的颜色，这样才不会失去应有的高贵感。

灯具

港式风格的灯具线条一定要简单大方，且不可花哨，否则会影响整个居室的平静感觉。另外，灯具的另一个功能是提供柔和、偏暖色的灯光，让整体素雅的居室不会有太多的冰冷感觉。

装饰画

港式风格空间于细节中彰显贵气，装饰画画框以细边的金属拉丝框为最佳选择，最好与同样材质的灯饰和摆件进行完美呼应，给人以精致奢华的视觉体验。

▷ 现代时尚风格

| 现代时尚风格设计重点

现代时尚风格是工业社会的产物，起源于 20 世纪初期的包豪斯学派。现代时尚风格家居一向都是以简约精致著称，尽量使用新型材料和工艺做法，追求个性的空间形式和结构特点。

现代时尚风格的特点是对于结构或机械组织的暴露，如把室内水管、风管暴露在外，或使用透明的、裸露机械零件的家用电器。

多使用不锈钢、大理石、玻璃或人造材质等工业性较强的材质，以及强调科技感和未来空间感的元素。可以选用传统的木质、皮质等在市场上占据主流的家具，但可以更多地出现现代工业生产的新材质家具，如铝、碳纤维、塑料、高密度玻璃等材料制造的家具。在功能上强调现代居室的视听功能或自动化设施，家用电器为主要陈设，构件节点精致、细巧，室内艺术品均为抽象艺术风格。

家具

用塑料制成，看上去轻松自由，坐起来又舒服的桌椅；造型棱角分明、毫不拖沓的皮质沙发组合；造型独特、可调节靠背提供多种不同放松姿势的躺椅等。这些亮眼的家具如果能和相对单调、静态的居室空间相融合，可以搭配出流行时尚的装饰效果。

灯具

现代风格灯饰设计以时尚、简约为概念，多采用现代感十足的金属材质，外观和造型上以另类的表现手法为主，线条纤韧硬朗，颜色以白色、黑色、金属色居多。

布艺

现代时尚风格在选择窗帘时可选用纯棉、麻、丝等材质，颜色可以比较跳跃，但一定不要选择花较多的图案，以免破坏整体感觉，可以考虑选择条状图案。现代时尚风格的床品款式简洁，色彩方面以简洁、纯粹的黑、白、灰和原色为主。

饰品

现代时尚风格空间在工艺饰品的选择上突出时尚新奇的设计，色彩明快，现代感强。抽象人脸摆件、人物雕塑、简单的书籍组合、镜面的金属饰品是现代时尚风格中最常见的软装工艺品摆件。

装饰画

现代时尚空间的装饰画尽量选择单一的色调，可与抱枕、地毯和小摆件等进行呼应。此外现代时尚风格空间也可以运用视觉反差的方法选择装饰画，例如在黑白灰的格调中采用明黄色的抽象画提亮空间。

▷ 美式乡村风格

1 美式乡村风格设计重点

受美国移民历史的影响，美式乡村风格中可以看到浓厚的西方文化的历史缩影，再加上美国自身文化的特点，既简洁明快，又温暖舒适。美式乡村风格似乎天生就适合用来怀旧，它身上的自然、经典还有斑驳老旧的印记，似乎能让时光倒流，让生活慢下来。整个房子一般没有直线出现，拱形的哑口、窗及门，可以营造出田园的舒适和宁静。

壁炉是美式乡村风格的主打元素，特别是红砖壁炉能很好地表现出乡野风情；美式家居中经常运用各种铁艺元素，从铁艺吊灯到铁艺烛台，再到铁艺花架、铁艺相框等；木材更是美式乡村家居一直以来的主要材质，主要有胡桃木、桃心木和枫木等木种；仿古砖略为凹凸的表面、不规则的边缝、颜色做旧的处理、斑驳的质感都散发着自然粗犷的气息，和美式乡村风格是天作之合。

家具

美式家具倡导自然，采用看似未加工的原木，比如樱桃木、胡桃木来制造家具，以突出原木质感。在全部完工后，最后还要有一道做旧处理，这是欧洲家具所没有的，即用钝器碰撞出痕迹，体现出一种特殊的老旧感。在细节上的雕琢上也匠心独具，如优美的床头、床尾的柱头、床头柜的弯腿等一般都是曲线造型。

灯具

美式乡村风格可选择造型更为灵动的铁艺灯饰，引入浓郁的乡野自然韵味，粗犷与精致之美流畅中和。铁艺具有简单粗犷的特质，可以为美式空间增添怀旧情怀。

饰品

美式乡村风格家居常用仿古艺术品，如被翻卷边的古旧书籍、动物的金属雕像等，这些饰品搭配起来可以呈现出深邃的文化艺术气息。

布艺

布艺是美式乡村家居的主要元素，多以本色的棉麻材质为主，上面往往描绘色彩鲜艳、体形较大的花朵图案，看上去充满一种自然和原始的感觉。各种繁复的花卉植物、靓丽的异域风情等图案也很受欢迎，体现了一种舒适和随意。

装饰画

美式乡村风格装饰画的主题多以自然动植物或怀旧的照片为主，尽显自然乡村风味。画框多为做旧的棕色或黑白色实木框，造型简单朴实，一些色彩艳丽的油画并不适合这里。

▷ 新中式风格

新中式风格设计重点

新中式是指将中国古典建筑元素提炼融合到现代人的生活和审美习惯的一种装饰风格，让传统元素更具有简练、大气、时尚的特点，让现代家居装饰更具有中国文化韵味。设计上采用现代的手法诠释中式风格，形式比较活泼，用色大胆，结构也不讲究中式风格的对称，家具更可以用除红木以外的更多选择来混搭，字画可以选择抽象的装饰画，饰品也可以用东方元素的抽象概念作品。

新中式风格的室内设计在选择使用木材、石材、丝纱织物等材料的同时，还会选择玻璃、金属、墙纸等现代材料，使得现代室内空间既含有浓重的东方气质，又具有灵活的现代感。窗格是新中式风格使用频率最高的装饰元素，空间隔断、墙面硬装均可选择应用。另外还可以对窗格元素进行再设计，如在半透明玻璃上做出窗格图案的磨砂雕花，以不锈钢、香槟金等金属色做出窗格装饰等，都是十分常见的做法。在软装配饰上，如果能以一种东方人的"留白"美学观念控制节奏，更能显出大家风范。比如墙壁上的字画，不在多，而在于它所营造的意境。

家具

新中式风格的家具可为古典家具，或现代家具与古典家具相结合。中国古典家具以明清家具为代表，在新中式风格家居中多以线条简练的明式家具为主，有时也会加入陶瓷鼓凳的装饰，实用的同时起到点睛作用。

灯具

新中式风格的灯饰相对于古典中式风格，造型偏现代，线条简洁大方，只是在装饰细节上采用部分中国元素。例如形如灯笼的落地灯、带花格灯罩的壁灯，都是打造新中式卧室的理想灯饰。

花艺

新中式风格花艺设计汪重意境，花材的选择以"尊重自然、利用自然、融入自然"的自然观为基础，植物选择以枝杆修长、叶片飘逸、花小色淡、寓意美好的种类为主，如松、竹、梅、菊花、柳枝、牡丹、玉兰、迎春、菖蒲、鸢尾等。

饰品

除了传统的中式饰品，搭配现代风格的饰品或者富有其他民族神韵的饰品也会使新中式空间增加文化的对比。如以鸟笼、根雕等为主题的饰品，会给新中式家居融入大自然的想象，营造出休闲、雅致的古典韵味。

装饰画

新中式风格装饰画通常采取大量的留白，渲染唯美诗意的意境。通常用长条形的组合画能很好地点化空间，内容为水墨画或带有中式元素的写意画，例如可选择完全相同的或主题成系列的山水、花鸟、风景等装饰画。

▷ 新古典风格

| 新古典风格设计重点

　　新古典风格传承了古典风格的文化底蕴、历史美感及艺术气息，同时将繁复的家居装饰凝练得更为简洁精雅，为硬而直的线条配上温婉雅致的软性装饰，将古典美注入简洁实用的现代设计中，使得家居装饰更有灵性。古典主义在材质上一般会采用传统木制材质，用金粉描绘各个细节，运用艳丽大方的色彩，注重线条的搭配以及线条之间的比例关系，令人强烈地感受传统痕迹与浑厚的文化底蕴，但同时摒弃了过往古典主义复杂的肌理和装饰。

　　新古典风格的空间墙面上减掉了复杂的欧式护墙板，使用石膏线勾勒出线框，把护墙板的形式简化到极致。地面常采用石材拼花，用石材天然的纹理和自然的色彩来修饰人工痕迹，使奢华的气质和品位毫无保留地流淌。

家具

新古典风格家具摒弃了古典家具过于复杂的装饰，简化了线条。它虽有古典家具的曲线和曲面，但少了古典家具的雕花，又多用现代家具的直线条。新古典的家具类型主要有实木雕花、亮光烤漆、贴金箔或银箔、绒布面料等。

布艺

色调淡雅、纹理丰富、质感舒适的纯麻、精棉、真丝、绒布等天然华贵面料都是新古典风格家居必然之选。窗帘可以选择香槟银、浅咖色等，以绒布面料为主，同时在款式上应尽量考虑加双层。

灯具

新古典风格的灯饰可搭配具有设计感的古典灯饰，烛台灯、水晶灯、云石灯、铁艺灯都比较适合，可选择的灯饰很多，只要搭配得当就可以取得不错的装饰效果。

花艺

新古典空间的花艺讲究对称美，这种对称不但不会给人单调死板的印象，反而给人平稳、端庄的感觉，在花艺形式上多采用几何对称的布局，有明确的贯穿轴线与对称关系。

饰品

几幅具有艺术气息的油画，复古的金属色画框，古典样式的烛台，剔透的水晶制品，精致的银制或陶瓷的餐具，包括老式的挂钟、电话和古董，都能为新古典主义的怀旧气氛增色不少。

▷ 简欧风格

I 简欧风格设计重点

纯正的古典欧式风格适用于大空间，在中等或较小的空间里就容易给人造成一种压抑的感觉，这样便有了简欧风格。简欧风格既传承了古典欧式风格的优点，彰显出欧洲传统的历史痕迹和文化底蕴，同时又摒弃了古典风格过于繁复的装饰和肌理，在现代风格的基础上，进行线条简化，追求简洁大方之美，致力于塑造典雅而又不失华美的家居情调。

简欧风格要求只要有一些欧式装修的符号在里面就可以，因此，它其实是兼容性非常强的设计，如果把家具换掉，可以瞬间变成现代风格，也可以变成中式风格，总之能做到空间的千变万化。简欧风格软装的底色大多以白色、淡色为主，家具则是白色或深色都可以，但是要成系列，风格统一。铁艺装饰也是简欧风格里一个不可或缺的装饰，欧式铁艺楼梯或者欧式铁艺挂钩都能给空间增添欧式风情。

家具

简欧风格的家居中，许多家具虽然简化了繁复的花纹，但是制作的工艺并不简单。欧式简约家具设计时多强调立体感，在家具表面有一定的凹凸起伏设计，以求在布置简欧风格的空间时，具有空间变化的连续性和形体变化的层次感。

布艺

简欧风格窗帘的材质有很多的选择：镶嵌金丝、银丝、水钻、珠光的华丽织锦、绣面、丝缎、薄纱、天然棉麻等，床品用料讲究，多采用高档舒适的提花面料。亚麻和帆布的面料不适用于装饰简欧风格家居。

灯具

简约欧式的灯具外形简洁，摒弃古典欧式灯具繁复的造型，继承了古典欧式灯具雍容华贵、豪华大方的特点，又有简约明快的新特征，适合现代人的审美情趣。

饰品

饰品讲究精致与艺术，可以在桌面上放一些雕刻及镶工都比较精致的工艺品，充分展现丰富的艺术气息。另外金边茶具、银器、水晶灯、玻璃杯等器件也是很好的点缀物品。

装饰画

简欧风格装饰画的色彩明快亮丽，主题传统生动，如果在色彩上和其他软装配饰互相呼应，可以使得空间更加流畅，成为更精致的风景。

▷ 法式风格

1 法式风格设计重点

法式风格装饰题材多以自然植物为主，使用变化丰富的卷草纹样、蚌壳般的曲线、舒卷缠绕着的蔷薇和弯曲的棕榈。为了更接近自然，一般尽量避免使用水平的直线，而用多变的曲线和涡卷形象，它们的构图不是完全对称，每一处边和角都可能是不对称的，变化极为丰富，令人眼花缭乱，有自然主义倾向。

优雅、舒适、安逸是法式家居风格的内在气质。其中法式宫廷风格追求极致的装饰，在雕花、贴金箔、手绘上力求精益求精，或粉红、或粉白、或粉蓝灰色的色彩搭配漆金的堆砌小雕花，充满贵族气质；法式田园风格摈弃奢华繁复，但保留了纤细美好的曲线，搭配鲜花、饰品和布艺，天然又不失装饰。轻法式风格继承了传统法式家具的苗条身段，无论是柜体、沙发还是床的腿部均呈轻微弧度，轻盈雅致；粉色系、香槟色、奶白色以及独特的灰蓝色等浅淡的主题色美丽细致，局部点睛的精致雕花，加上时尚感十足的印花图纹，充满浓浓的女性特质。

家具

法式风格家具很多表面略带雕花，配合扶手和椅腿的弧形曲度，显得更加优雅矜贵。在用料上，法式风格家具一直沿用樱桃木，极少使用其他木材。

布艺

法式风格一般会选用绿、灰、蓝等色调的窗帘，在造型上也比较复杂，透露出浓郁的复古风情。此外，除了熟悉的高卢雄鸡、薰衣草、向日葵等标志性图案，橄榄树和蝉的图案普遍被印在桌布、窗帘、沙发靠垫上。

灯具

法式装修风格以复杂的造型著称，像吊灯、壁灯及台灯等，都以洛可可风格为主，搭配整体环境，清淡幽雅且显高贵气质，成为装饰的点睛之笔。

饰品

法式风格端庄典雅，高贵华丽，工艺品摆件通常选择精美繁复、高贵奢华的镀金、镀银器或描有繁复花纹的描金瓷器，大多带有复古的宫廷尊贵感，以符合整个空间典雅富丽的格调。

装饰画

法式风格装饰画擅于采用油画的材质，以著名的历史人物为设计灵感，再加上精雕的金属外框，使得整幅装饰画兼具古典美与高贵感。从款式上可以分为油画彩绘和素描，素描的装饰画一般以单纯的白色为底色，而油画的色彩则需要浓郁一些。

▷ 田园风格

田园风格最初出现于 20 世纪中期，泛指在欧洲农业社会时期已经存在数百年的乡村家居风格，以及美洲殖民时期各种乡村农舍风格。田园风格并不专指某一特定时期或者区域。它可以模仿乡村生活的朴实与真诚，也可以是贵族在乡间别墅里的世外桃源。

田园风格家居的本质就是让生活在其中的人感到亲近和放松，在大自然的怀抱中享受精致的人生。仿古砖是田园风格地面材料的首选，粗糙的感觉让人觉得它朴实无华，更为耐看。可以打造出一种淡淡的清新之感；百叶门窗一般可以做成白色或原木色的拱形，除了当作普通的门窗使用，还能作为隔断；铁艺可以做成不同的形状，或为花朵，或为枝蔓，用铁艺制作而成的铁架床、铁艺与木制品结合成的各式家具，让乡村的风情更本质；布艺在质地的选择上多采用棉、麻等天然制品，与乡村风格不饰雕琢的追求相契合。有时也在墙上挂一幅毛织壁挂，表现的主题多为乡村风景；运用砖纹、碎花、藤蔓图案的墙纸，或者直接运用手绘墙，也是田园风格的一个特色表现。

家具

田园风格在布艺沙发的选择上可以选用小碎花、小方格等图案，色彩上粉嫩、清新，以体现田园和大自然的舒适宁静；再搭配质感天然、坚韧的藤制桌椅以及储物柜等简单实用的家具，让田园风情扑面而来。

布艺

田园风格窗帘以自然色和图案构成主体，而款式以简约为主。亚麻材质的布艺是体现田园风格的重要元素，在客厅或餐厅的桌子上面铺上亚麻材质的精致桌布，上面再摆上小盆栽，立即散发出浓郁的田园风情。

装饰画

田园风格的特点是给人放松休闲的居住体验，色彩清新、鸟语花香的自然题材是空间搭配的首选。装饰画的选择以让人感觉自然温馨为佳，画框也不宜选择过于精致的类型，复古做旧的实木或者树脂相框最为适宜。

花艺

较男性风格的植物不太适合田园风情，最好是选择满天星、薰衣草、玫瑰等有芬芳香味的植物装点氛围。同时将一些干燥的花瓣和香料穿插在透明玻璃瓶甚至古朴的陶罐里。

餐具

田园风格的餐具与布艺类似，多以花卉、格子等图案为主，也有纯色但本身在工艺上镶有花边或凹凸纹样的，其中骨瓷因质地细腻光洁而深受推崇。

▷ 工业风格

工业风起源于将废旧的工业厂房或仓库改建成的兼具居住功能的艺术家工作室，在设计中会出现大量的工业材料，如金属构件、水泥墙、水泥地，做旧质感的木材、皮质元素等，格局以开放型为主。这种风格用在家居领域，给人一种现代工业气息的简约、随性感，在裸露砖墙和原结构表面的粗犷外表下，反映了人们对于无拘无束生活的向往和对品质的追求。

工业风的基础色调无疑是黑白色，辅助色通常搭配棕色、灰色、木色，这样的

氛围对色彩的包容性极高，所以可以多用彩色软装、夸张的图案去搭配，中和黑白灰的冰冷感。除了木质家具，造型简约的金属框架家具也能带来冷静的感受，虽然家具表面失去了岁月的斑驳感，但金属元素的加入更丰富了工业感的主题，让空间利落有型。丰富的细节装饰也是工业风表达的重点，同样起着饱满空间及增添温暖感与居家感的作用，油画、水彩画、工业模型等会有意想不到的效果。

家具

工业风的空间对家具的包容度还是很高的，可以直接选择金属、皮质、铆钉等工业风家具，或者现代简约风格的家具也可以。例如皮质沙发，搭配海军风的木箱子、航海风的橱柜、Tolix椅子等。

壁饰

在工业风的家居空间中，选用极简风的鹿头、大胆的当代艺术家的油画作品作为装饰，也会极大地提升整体空间的品质感。这些小壁饰别看体积不大，但如果搭配得好，不仅能突出工业风的粗犷，又会显得品位十足。

灯具

可以选择极简风格的吊灯或者复古风格的艺术灯泡，甚至霓虹灯。因为工业风整体给人的感觉是冷色调，色系偏暗，为了起到缓和作用，可以局部采用点光源照明的形式，如复古的工矿灯、筒灯等，会有一种匠心独运的感觉，水晶吊灯应尽量少用。

摆件

工业风格的摆场适合凌乱、随意、不对称，小件物品可选用跳跃的颜色点缀。常见的摆件包括旧电风扇或旧收音机、木质或铁皮制作的相框、放在托盘内的酒杯和酒壶、玻璃烛杯、老式汽车或者双翼飞机模型等。

布艺

工业风空间的窗帘以纯色居多，地毯的应用在工业风格的空间当中并不多见，大多应用于床前或沙发区域，基本采用浅褐色的棉质或者亚麻编织地毯。

▷ 地中海风格

┃ 地中海风格设计重点

地中海风格是 9~11 世纪起源于地中海沿岸的一种家居风格，它是海洋风格装修的典型代表，因富有浓郁的地中海人文风情和地域特征而得名，具有自由奔放、色彩多样明媚的特点。地中海风格通常将海洋元素应用到家居设计中，给人蔚蓝明快的舒适感。

由于地中海沿岸的房屋或家具的线条不是直来直去的，显得比较自然，因而无论是家具还是建筑，都形成一种独特的浑圆造型。拱门与半拱门窗，白灰泥墙是地中海风格的主要特色，常采用半穿凿或全穿凿来增强实用性和美观性，给人一种延伸的透视感。在材质上，一般选用自然的原木、天然的石材等，再用马赛克、小石子、瓷砖、贝类、玻璃片、玻璃珠等来做点缀装饰。家具大多选择一些做旧风格的，搭配自然饰品，给人一种风吹日晒的感觉。

家具

地中海风格的家具通常以经典的蓝白色出现，其他多以古旧的色泽为主，一般多为土黄、棕褐色、土红色等，线条简单且修边浑圆，往往会有做旧的工艺，材质上最好选择实木或者藤类。

布艺

窗帘、沙发布、餐布、床品等软装布艺一般以天然棉麻织物为首选，由于地中海风格也具有田园的气息，所以使用的布艺面料上经常带有低彩度色调的小碎花、条纹或格子图案。

灯具

地中海风格灯具的灯臂或者中柱部分常常会做擦漆做旧处理，可展现出被海风吹蚀的自然印迹。地中海风格的台灯会在灯罩上运用多种色彩或呈现多种造型，壁灯在造型上往往会设计成地中海独有的美人鱼、船舵、贝壳等造型。

花艺

绿色的盆栽是地中海不可或缺的一大元素，一些小巧可爱的盆栽让空间显得绿意盎然，就像在户外一般。也可以在家中的一些角落里安放一两盆吊兰，或者是爬藤类的植物，制造一大片的绿意。

饰品

地中海风格适合选择与海洋主题有关的各种饰品，如帆船模型、救生圈、水手结、贝壳工艺品、木雕上漆的海鸟和鱼类等；或者独特的锻打铁艺工艺品，特别是各种蜡架、钟表、相架和墙上挂件等。

▷ 东南亚风格

| 东南亚风格设计重点

东南亚风格的特点是色泽鲜艳、崇尚手工，自然温馨中不失热情华丽，通过细节和软装来演绎原始自然的热带风情。相比其他装饰风格，东南亚风格在发展中不断融合和吸收不同东南亚国家的特色，极具热带民族原始岛屿风情。

东南亚风格家居崇尚自然，木材、藤、竹等材质成为装饰首选。大部分的东南亚家具采用两种以上不同材料混合编织而成。藤条与木片、藤条与竹条，材料之间的宽、窄、深、浅，形成有趣的对比。工艺上以纯手工编织或打磨为主，完全不带一丝工业化的痕迹。古朴的藤艺家具搭配葱郁的绿化，是常见的表现东南亚风格的手法。由于东南亚气候多闷热潮湿，所以在软装上要用夸张艳丽的色彩打破视觉的沉闷。香艳浓烈的色彩被运用在布艺家具上，如床帏处的帐幕、窗台的纱幔等。在营造出华美绚丽风格的同时，也增添了丝丝妩媚柔和的气息。

家具

泰国家具大都体积庞大、典雅古朴，极具异域风情。柚木制成的木雕家具是东南亚装饰风情中最为抢眼的部分。此外，东南亚装修风格具有浓郁的雨林自然风情，增加藤椅、竹椅一类的家具再合适不过了。

窗帘

东南亚风格的窗帘一般以自然色调为主，完全饱和的酒红、墨绿、土褐色等最为常见。棉麻等自然材质为主的窗帘款式往往显得粗犷自然，还拥有舒适的手感和良好的透气性。

灯具

东南亚风格的灯饰大多就地取材，贝壳、椰壳、藤、枯树干等都是灯饰的制作材料。东南亚风格的灯饰造型具有明显的地域民族特征，如铜制的莲蓬灯、手工敲制具有粗糙肌理的铜片吊灯、大象等动物造型的台灯等。

纱幔

纱幔妩媚而飘逸，是东南亚风格家居不可或缺的装饰。可以随意在茶几上摆放一条色彩艳丽的绸缎纱幔，或是作为休闲区的软隔断，还可以在床架上用丝质的纱幔绾出一个大大的结，营造出异域风情。

饰品

东南亚风格饰品的形状和图案多和宗教、神话相关。芭蕉叶、大象、菩提树、佛首等是饰品的主要图案。此外，东南亚国家大多信奉宗教，所以在饰品里面也能体现这一点，一般在东南亚风格的家居里面多少会看到一些造型设计的神、佛等金属或木雕的饰品。

第三章

软装色彩原理

与配色方案

▷ 色彩的基础知识

色相——色彩相貌特征

即色彩的相貌和特征，决定了颜色的本质。自然界中色彩的种类很多，色相指色彩的种类和名称。如红、橙、黄、绿、青、蓝、紫等颜色的种类变化就叫色相。

一般使用的色环是十二色相环，在色相环上相对的颜色组合称为对比型，如红色与绿色的组合；靠近的颜色称为相似型，如红色与紫色或者与橙色的组合。只用相同色相的配色称为同相型，如红色可通过混入不同分量的白色、黑色或灰色，形成同色相、不同色调的同相型色彩搭配。

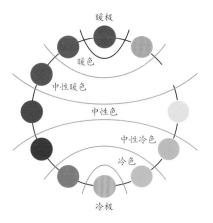

色相包括红色、橙色、黄色、绿色、蓝色、紫色等六个种类。其中暖色包括红、橙、黄等，给人温暖、活力的感觉；冷色包括蓝绿、蓝、篮紫等，让人有清爽、冷静的感觉。而绿色、紫色则属于冷暖平衡的中性色。

◆ 暖色给人热情活力的感觉

◆ 冷色给人清爽冷静的感觉

2 | 明度——色彩明暗感觉

　　明亮指色彩的亮度。颜色有深浅、明暗的变化。例如深黄、中黄、淡黄、柠檬黄等黄颜色在明度上就不一样，紫红、深红、玫瑰红、大红、朱红、橘红等红颜色在亮度上也不尽相同。这些颜色在明暗、深浅上的不同变化，也就是色彩的又一重要特征——明度变化。

　　在任何色彩中添加白色，其明度都会升高；添加黑色，其明度会降低。色彩中最亮的颜色是白色，最暗的是黑色，其间是灰色。在一个色彩组合中，如果色彩之间的明度差异大，可以达到时尚活力的效果；如果明度差异小，则能达到稳重优雅的效果。

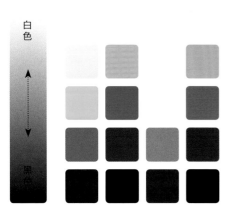

◆ 色彩明度差异小的房间给人一种协调的整体感

◆ 色彩明度差异大的房间容易突出装饰的主角

◆ 低纯度色彩给人素雅大方的感觉

3 纯度——色彩鲜艳程度

色彩纯度也叫饱和度。原色是纯度最高的色彩。颜色混合的次数越多，纯度越低；反之，纯度则高。原色中混入补色，纯度会立即降低、变灰。纯度最低的色彩是黑、白、灰这样的无彩色。纯色因不含任何杂色，饱和或纯粹度最高，因此，任何颜色的纯色均为该色系中纯度最高的颜色。纯度高的色彩，给人鲜艳的感觉，纯度低的色彩，给人素雅的感觉。

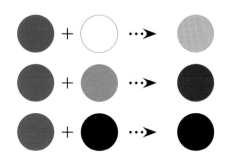

◆ 低纯度色彩的饰品

◆ 高纯度色彩的饰品

◆ 高纯度色彩给人鲜艳活泼的感觉

色调是指一幅作品色彩外观的基本倾向，泛指大体的色彩效果。一幅绘画作品虽然用了多种颜色，但总体有一种倾向，是偏蓝或偏红，是偏暖或偏冷等。这种颜色上的倾向就是一幅绘画的色调。通常可以从色相、明度、冷暖、纯度四个方面来定义一幅作品的色调。

纯色调

淡色调

暗色调

色调是影响配色效果的首要因素。色彩的印象和感觉很多情况下都是由色调决定的。常见的色调有鲜艳的纯色调、接近白色的淡色调、接近黑色的暗色调等。软装中的色调可以借助灯光设计来满足不同需求的总体倾向，营造设计要求的情景氛围。

◆ 单一色调的配色略显平淡

◆ 多种色调配色表现出丰富的层次感

▷ 色彩的主次关系

背景色

点缀色

主体色

配角色

　　室内空间中的色彩，既体现为墙、地、顶面、门窗等界面的色彩，还包括家具、窗帘以及各种饰品的色彩。这些色彩彼此之间都有一定的主次关系。最基本的色彩角色有四种，区分好它们，是搭配出完美空间色彩的基础之一。

　　主体色指那些可移动的家具和陈设部分的中等面积的色彩组成部分，在整个室内色彩设计中起到非常重要的作用；背景色主要是指墙面、顶面、地面与门窗等大面积的色彩；配角色常是体积较小的家具色彩，常用于衬托主体，使主体更加突出；点缀色是指室内环境中最醒目，最易于变化的小面积色彩，如壁饰、摆饰、靠垫、布艺等小物件的色彩。

主体色主要是由大型家具或一些大型室内陈设、装饰织物所形成的中等面积的色块。它是配色的中心色，其他颜色搭配的通常以主体色为主。客厅的沙发，餐厅的餐桌等就属于其对应空间里的主体色。主体色的选择通常有两种方式：要产生鲜明、生动的效果，则选择与背景色或者配角色呈对比的色彩；要整体协调、稳重，则应选择与背景色、配角色相近的同相色或类似色。

◆ 主体色与背景色呈对比，产生鲜明的效果

◆ 主体色与背景色相近，产生协调的效果

背景色通常指墙面、地面、天花、门窗以及地毯等大面积的界面色彩。背景色由于其绝对的面积优势，支配着整个空间的效果。而墙面因为处在视线的水平方向上，对效果的影响最大，往往是家居配色首先关注的地方。可以根据想要营造的空间氛围来选择背景色，想要打造自然、田园的效果，应该选用柔和的色调；如果想要活跃、热烈的印象，则应该选择艳丽的背景色。

◆ 背景色通常是一个空间中的第一视觉印象

◆ 艳丽的背景色给空间带来热情活力的氛围

3 | 配角色——起到衬托效果

配角色视觉的重要性和体积次于主角，常用于陪衬主角，使主角更加突出，通常是体积较小的家具。例如：短沙发、椅子、茶几、床头柜等。合理的配角色能够使空间产生动感，活力倍增。常与主角色保持一定的色彩差异，既能突出主角色，又能丰富空间。但是配角色的面积不能过大，否则就会压过主角。

◆ 两把红色单人椅作为配角色改变空间的单调感

4 点缀色——画龙点睛作用

最易于变化的小面积色彩,比如靠垫、灯具、织物、植物花卉、摆设品等。一般都会选用高纯度的对比色,用来打破单调的整体效果。虽然点缀色的面积不大,但是却在空间里具有很强的表现力。

◆ 高纯度色彩的抱枕具有很强的表现力

◆ 利用装饰画改善深色家具的厚重感

以什么为背景、主体和配角以及点缀,是色彩设计首先应考虑的问题。同时,不同色彩物体之间的相互关系形成了多层次的背景关系,如沙发以墙面为背景,沙发上的靠垫又以沙发为背景,这样,对靠垫说来,墙面是大背景,沙发是小背景或称第二背景。另外,在许多设计中,如墙面,地面,也不一定只是一种色彩,可能会交叉使用多种色彩,图形色和背景色也会相互转化,必须予以重视。

▷ 色彩的搭配方式

I 对比色搭配

　　对比色如红色和蓝色，黄色和绿色等，如果想要表达开放、有力、自信、坚决、活力、动感、年轻、刺激、饱满、华美、明朗、醒目之类的空间设计主题，可以运用对比型配色。对比型配色的实质就是冷色与暖色的对比，一般在 150°～180° 之间的配色视觉效果较为强烈。在同一空间，对比色能制造有冲击力的效果，让房间个性更明朗，但不宜大面积同时使用。

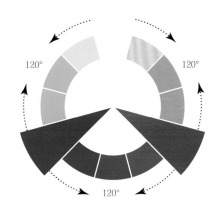

◆ 黄绿色与紫红色形成一组对比色

◆ 粉色与绿色的对比给房间带来春意盎然的气息

使用色差最大的两个对比色相进行的色彩搭配，可以让人印象深刻。由于互补色彩之间的对比相当强烈，因此想要适当地运用互补色，必须特别慎重考虑色彩彼此间的比例问题。因此当使用互补色配色时，必须利用大面积的一种颜色与另一个面积较小的互补色来达到平衡。如果两种色彩所占的比例相同，那么对比会显得过于强烈。比如说红与绿如果在画面上占有同样的面积，就容易让人头晕目眩。可以选择其中之一的颜色占大面积，构成主调色，而另一颜色占小面积作为对比色。一般会以 3：7 甚至 2：8 的比例分配原则。并且适当使用自然的木头色、黑色或白色进行调和。

◆ 运用互补色组合要控制好彼此间的比例问题

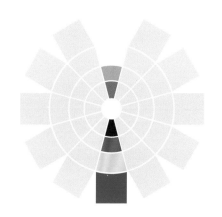

◆ 运用互补色组合要控制好彼此间的比例问题

3 双重互补色搭配

双重互补色调有两组对比色同时运用，采用四个颜色，对比配色的房间可能会造成混乱，可以通过一定的技巧进行组合尝试，使其达到多样化的效果。对大面积的房间来说，为增加其色彩变化，使用补色是一个很好的选择。使用时也应注意两种对比中应有主次，对小房间说来更应把其中之一作为重点处理。

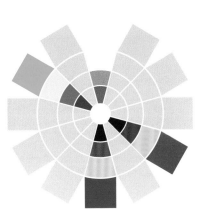

◆ 蓝与黄、红与绿的双重互补色组合

　　邻近色是最容易运用的一种色彩方案，也是目前最大众化和深受人们喜爱的一种色调，这种方案只用两三种在色环上互相接近的颜色，它们之间又是以一种为主，另几种为辅，如黄与绿，黄与橙，红与紫等。一方面要把握好两种色彩的和谐，一方面又要使两种颜色在纯度和明度上有所区别，使之互相融合，取得相得益彰的效果。

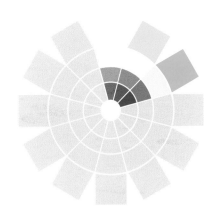

◆ 邻近色饰品搭配

◆ 邻近色比起同类色搭配更具层次变化

属同一色相不同纯度的色彩组合，称为同色系搭配，如湛蓝色搭配浅蓝色。这样的色彩搭配具有统一和谐的感觉。在空间配置中，同色系做搭配是最安全也是接受度最高的搭配方式。同色系中的深浅变化及其呈现的空间景深与层次，让整体尽显和谐一致的融合之美。当然，同色系的配比也是很重要的，一样需要遵守配色法则。

相近色彩的组合可以创造一个平静、舒适的环境，但这并不意味着在同色系组合中不采用其他的颜色。应该注意，过分强调单一色调的协调而缺少必要的点缀，很容易让人产生疲劳感。

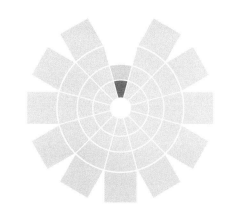

◆ 邻近色适用于现代时尚风格的家居空间

◆ 同色系中适当加入其他点缀色可以避免空间的单调感

◆ 同色系搭配尽显和谐之美

◆ 黑白色的运用给人以现代感

6 无彩系搭配

　　黑、白、灰、金、银五个中性色是无彩色，主要用于调和色彩搭配，突出其他颜色。其中金、银色是可以陪衬任何颜色的百搭色，当然金色不含黄色，银色不含灰白色。有彩色是活跃的，而无彩色则是平稳的，这两类色彩搭配在一起，可以取得很好的效果。在居室装饰中黑、白、灰的物品并不少，将它们与彩色物品摆在一起别有一番情趣，并具有现代感。在无彩色中只有白色可大面积使用，黑色只有小面积使用于高彩度中间，才会显得跳跃和夺目，取得非同凡响的效果。

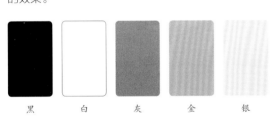

| 黑 | 白 | 灰 | 金 | 银 |

◆ 黑、白、灰、金等无彩色搭配

自然色泛指中间色，是所有色彩中弹性最大的颜色。中间色皆来源于大自然中的事物，如树木、花草、山石、泥沙、矿物，甚至是枯叶败枝。在色彩的吸纳上，从棕色、褐色、灰色、米色到象牙、墨绿都有；在材质的显现上，包括现代理性的石材地面，原始朴拙的亚麻织品，以及高贵雅致的皮革沙发等，总是令人感到舒服。总之，自然色是室内色彩应用之首选，不论硬装修与软装饰几乎都可以自然色为基调，再加以其他色彩、材质的搭配，会得到很好的效果。

◆ 原木色是表现乡村风格的最佳元素

◆ 自然色搭配给人以质朴自然的视觉感受

▷ 色彩的分类和联想

绿色——自然新生

绿色是自然界中最常见的颜色。绿色是生命的原色，象征着平静与安全，通常被用来表示生命以及生长，代表了健康、活力和对美好未来的追求。绿色的魅力就在于它显示了大自然的灵感，能让人类在紧张的生活中得以释放情感。竹子、莲花叶和仙人掌，属于自然的绿色块；海藻、海草、苔藓般的色彩则将绿色引向灰棕色，十分含蓄；而森林的绿色则给人稳定感。

绿色是很特别的颜色，它既不是冷色，也不是暖色，属于居中的颜色。绿色搭配着同色系的亮色，比如柠檬黄绿、嫩草绿或者白色，都会给人一种清爽、生动的感觉；当绿色与暖色系的颜色如黄色或橙色相配，则会有一种青春、活泼之感。当绿色与紫色、蓝色或者黑色相配时，则显得高贵华丽，但是最好不要去过多使用。

◆ 绿色在家居中象征生机与成长

◆ 绿色让人联想到大自然

红色在所有色系中是最热烈、最积极向上的一种颜色。在中国人的眼中红色代表着醒目、重要、喜庆、吉祥、热情、奔放、激情、斗志。酒红色的醇厚与尊贵给人一种雍容的气度、豪华的感觉，为一些追求华贵的人所偏爱；玫瑰色格调高雅，传达的是一种浪漫情怀，所以这种色彩为大多数女性们喜爱。粉红色给人以温暖、放松的感觉，适宜在卧室或儿童房里使用。

但是居室内红色过多会让眼睛负担过重，产生头晕目眩的感觉，即使是新婚，也不能长时间让房间处于红色的主调下。建议选择红色在软装配饰上使用，比如窗帘、床品，靠包等，而用淡淡的米色或清新的白色搭配，可以使人神清气爽，更能突出红色的喜庆气氛。

◆ 红色在家居中具有热烈与激情的寓意

◆ 红色更适合表现喜庆的氛围

　　蓝色象征着永恒，是一种纯净的色彩。每每提到蓝色总会让人联想到海洋、天空、水以及浩瀚的宇宙。蓝色在家居装饰中常常是地中海风情设计的体现。蓝、白相间的色彩，所透露的便是清爽、畅快的感受。

　　在客厅、起居室中运用蓝色，可使空间显得宽敞、通风、宁静；而在卫浴间里使用蓝色，也给人以干净明朗的感觉，令人解除身心疲劳。但餐厅、厨房与卧室等几个地方不宜大面积用到蓝色，否则会影响食欲，也会让人感觉寒冷，不易入眠。

◆ 蓝色给家居空间带来清新感

◆ 蓝色与白色的搭配是地中海风格的标志之一

　　紫色由温暖的红色和冷静的蓝色化合而成，是极佳的刺激色。紫色永远是浪漫、梦幻、神秘、优雅、高贵的代名词，它独特的魅力、典雅的气质吸引了无数人的目光。与紫色相近的是蓝色和红色，一般浅紫色搭配纯白色、米黄色、象牙白色；深紫色最好搭配黑色、藏青色，会显得比较稳重，有精干感。

　　但紫色不宜在家居空间中大面积地使用，否则会让空间整体色调变得深沉，从而产生心理上的压抑感。若是需要欢快气氛的居室（如儿童房、客厅等），建议不要应用紫色，那样会让身在其中的人感到一种无形的压迫感。如果真的非常喜欢紫色，可以在居室中局部用一些紫色作为装饰亮点，比如卧房的一角，又或是卫浴间的浴帘等一些小地方。紫色在婚房中小面积的应用也是个不错的选择。

◆ 浅紫色适合与白色搭配

◆ 紫色具有浪漫优雅的气质

橙色是红黄两色结合产生的一种颜色，因此，橙色也具有两种颜色的象征含义。橙色是一个欢快而运动的颜色，具有明亮、华丽、健康、兴奋、温暖、欢乐、辉煌、以及容易动人的色感。

把橙色用在卧室不容易使人安静下来，不利于睡眠。但将橙色用在客厅则会营造欢快的气氛。同时，橙色有诱发食欲的作用，所以也是妆点餐厅的理想色彩。将橙色和巧克力色或米黄色搭配在一起也很舒畅，巧妙的色彩组合适合追求时尚的年轻人的大胆尝试。

◆ 橙色适合营造活力动感的气氛

◆ 橙色适合营造活力动感的气氛

6 黄色——明快亮丽

黄色是三原色之一，给人轻快、充满希望和活力的感觉。黄色总是与金色、太阳、启迪等联系在一起。许多春天开放的花都是黄色的，因此黄色也象征新生。水果黄带着温柔的特性；牛油黄散发着一股原动力；而金黄色又带来温暖。

在居室布置中，在黄色的墙面前摆放白色的花艺是一种合适的搭配。但是要注意，长时间接触高纯度黄色，会让人有一种慵懒的感觉，所以建议在客室与餐厅适量点缀一些就好，黄色最不适宜用在书房，它会减慢思考的速度。

◆ 黄色给人活力与温暖的感觉

◆ 黄色背景墙给人醒目的视觉效果

咖啡色属于中性暖色色调，优雅、朴素、庄重而不失雅致。它摈弃了黄金色调的俗气，又或是象牙白的单调和平庸。

咖啡色本身是一种比较含蓄的颜色，但它会使餐厅沉闷而忧郁，影响进餐质量；同时咖啡色还不宜用在儿童房间内，暗沉的颜色会使孩子性格忧郁；还要切记，咖啡色不适宜搭配黑色。为了避免沉闷，可以用白色、灰色或米色等作为填补色，使咖啡色发挥出属于它的光彩。

◆ 美式风格家居常用咖啡色作为主色调

◆ 咖啡色庄重而不失优雅

金色熠熠生辉，显现了大胆和张扬的个性，在简洁的白色衬映下，视觉会很干净。金色具有极醒目的作用和炫辉感。它具有一个奇妙的特性，就是在各种颜色配置不协调的情况下，使用了金色就会使它们立刻和谐起来，并产生光明、华丽、辉煌的视觉效果。金色本身有纯度、亮度、明度的区别，这三项组合不同，金色的感觉就不一样，使用起来非常微妙。如果家居空间不大，就不要选择纯度与亮度太高的金色。

但金色是最容易反射光线的颜色之一，金光闪闪的环境对人的视线伤害最大，容易使人神经高度紧张，不易放松。建议避免大面积使用单一的金色装饰房间，可以作为墙纸、布艺上的装饰色；在卫浴间的墙面上，可以使用金色的马赛克搭配清冷的白色或不锈钢。

◆ 黄色给人活力与温暖的感觉

◆ 黄色背景墙给人醒目的视觉效果

黑白色被称为"无形色",也可称为"中性色",属于非彩色的搭配。黑白色是最基本和简单的搭配,灰色属于万能色,可以和任何彩色搭配,也可以帮助两种对立的色彩和谐过渡。

黑色与白色搭配,使用比例上要合理,分配要协调。过多的黑色会使家失去应有的温馨,如果以灰色的纹样作为过渡,两色空间会显得鲜明又典雅。黑色可以和无彩色系的白、灰及有彩色系的任何色都能组合搭配,营造出千变万化的不同色彩情调。纯粹以黑白为主题的家居也需要点睛之笔。不然满目皆是黑白,沉默无表情,家里就缺少了许多温情。

一般来说,黑白装饰的功能区域以客厅、厨房、卫浴间为多,卧室还是少用黑白装饰为好。此外,黑白色的装饰可以在室内点缀一点跳跃的颜色,这些多是通过花艺、工艺饰品、绿色植物等配饰来完成。

◆ 黑白色床品搭配适合简约风格卧室

配色的黄金法则

家居色彩黄金比例为6:3:1,其中"6"为背景色,包括基本墙、地、顶的颜色,"3"为搭配色,包括家具的基本色系等,"1"为点缀色,包括装饰品的颜色等,这种搭配比例可以使家中的色彩丰富,但又不显得杂乱,主次分明,主题突出。

在设计和实施方案的过程中,空间配色最好不要超过三种色彩,如果客厅和餐厅是连在一起的,则视为同一空间。白色、黑色、灰色、金色、银色不计算在三种颜色的限制之内。但金色和银色一般不能同时存在,在同一空间只能使用其中一种。图案类以其呈现色为准。例如一块花布有多种颜色,由于色彩有多种关系,所以专业上以主要呈现色为准。办法是眯着眼睛即可看出其主要色调。但如果一个大型图案的个别色块很大的话,同样视为一种颜色。

◆ 室内空间配色应遵循6:3:1的搭配法则

◆ 卧室的配色控制在蓝色、绿色与米色三种色彩之内

空间配色方案要遵循一定的顺序,可以依照硬装—家具—窗帘—地毯—床品和靠垫—花艺—饰品的顺序。

硬装	家具	灯具	窗帘	地毯	床品 靠垫	花艺	饰品
▶	▶	▶	▶	▶	▶	▶	▶

虽然在家居装饰中常常会强调，同一空间中最好不要超过三种颜色，色彩搭配不协调容易让人产生不舒服的感觉。但是，三种颜色显然无法满足一部分个性达人的需要，不玩混搭太容易审美疲劳了。想要玩转色彩，秘诀就在于掌握好色调的变化。

两种颜色对比非常强烈时通常需要一个过渡色，例如嫩嫩的草绿色和明亮的橙色在一起会很突兀，可以选择鹅黄色作为过渡。蓝色和玫红色放到一起跳跃感太明显，可以加入紫色来牵线搭桥。过渡色的点缀可以以软装的形式来体现，比如沙发、布艺、花艺等。这样多种色彩就能够在协调中结合，从视觉上削弱色彩的强度。

对一个房间进行配色，通常以一个色彩印象为主导，空间中的大色面色彩从这个色彩印象中提取，但并不意味着房间内的所有颜色都要完全照此来进行，比如采用自然气息的色彩印象，会有较大面积的米色、驼色、茶灰色等，在这个基础上，可以根据个人的喜好将另外的色彩印象组合进来，但要以较小的面积体现，比如抱枕、小件家具或饰品等。

◆ 确定房间的主色以后可在抱枕或其他饰品中添加其他点缀色

◆ 一个房间运用三种以上的色彩搭配需要把握好整体协调感

适当选择某些强烈的对比色，以强调和点缀环境的色彩效果。如明与暗相对比，高纯度与低纯度相对比，暖色与冷色相对比等。但是对比色的选用应避免太杂，一般在一个空间里选用两至三种主要颜色对比组合为宜。

◆ 蓝色与红色这组对比强烈的色彩组合需要加入紫色进行过渡和调和

对比色

◆ 明度对比

　　在寒冷的冬日里，除了花团锦簇可以带来盎然春意，其实有一种颜色拥有驱赶寒意的巨大能量，那就是米色。米色系的米白、米黄、驼色、浅咖色都是十分优雅的颜色，米色系和灰色系一样百搭，但灰色太冷，米色则很暖。而相比白色，它含蓄、内敛又沉稳，并且显得大气时尚。尤其当米色应用在卧室墙面的时候，搭配繁花图案的床上用品，让人感觉就像沐浴在春日阳光里一般香甜。即便是一块米色的毛皮地垫，都能让家居顿时暖意洋洋。

米白	米黄
驼色	浅咖色

◆ 色相对比

◆ 米色系给人暖意和优雅感

◆ 想要营造温馨感的卧室空间最适合运用米色系

◆ 大面积的白色让其他软装色彩更加出彩

6 白色的调和作用

　　白色是和谐万能色，如果同一个空间里各种颜色都很抢眼，互不相让，可以加入白色进行调和。白色可以让所有颜色都冷静下来，同时提高亮度，让空间显得更加开阔，从而弱化凌乱感。所以在装修过程中，白墙和白色的天花是最保守的选择，可以给色彩搭配的发挥奠定基础，而如果墙面、天花、沙发、窗帘等都用了颜色，那么家具选择白色，也同样能起到增强调和感的效果。

◆ 白色让空间显得更加开阔

▷ 常见软装风格的配色要点

┃ 北欧风格配色要点

北欧风格以白色为主色，而灰、黑则是最为常用的辅助色。灰色跟黑色的运用多见于软装搭配上，黑白分明的视觉冲击，再用灰色来做调和，让白色的北欧家居不至于太过单薄。

北欧风格不用纯色而多使用中性色进行柔和过渡，即使用黑白灰营造强烈效果，也总有稳定空间的元素打破它的视觉膨胀感，比如用素色家具或中性色软装来压制。

在黑白灰搭建的世界里，通过各种色调鲜艳的棉麻织品或装饰画来点燃空间，也是北欧搭配的原则之一。亮色的出现，有助于丰富室内表情，营造亲近氛围，拉近距离。

白色 + 原木色 + 烟灰色 + 淡蓝 + 柠檬黄

马卡龙色系的木制家具低矮简约，创造了空间的开阔与自在；可爱清新的墙纸与烟灰色亚麻地毯在明亮的自然光线下显得极为温馨舒适；原木材质的家具应用，使空间更加贴近自然，仿佛已经将室内环境与自然环境进行连通和结合。

白色 + 绿色 + 明黄色

空间以黄绿色作为强调色，黄绿色的柜子隔板、椅脚过渡到黄色的格纹地毯，甚至连玩具都只用黄色的；在软装色彩的设计搭配中，一种颜色反复出现，是高效地做出精心布置的方法之一，还会瞬间产生非常整洁的效果。

白色 + 原木色 + 黄铜色

以白色与原木色作为主调，贯穿了整个空间和局部家具及装饰用品的选择。木材独一无二的纹理、原始的色彩和质感，使空间更加贴近自然；黄铜材质的吊灯和局部点缀的蓝色，加深了视觉变化的层次。

蓝色 + 白色 + 红棕色 + 黄色

深蓝色的墙面与浅蓝色条纹地毯的搭配，让空间仿佛有了森林般的深邃空灵；红棕色的家具与深蓝色产生强烈的色彩对比，又以大量低纯度的彩色抱枕中和了这种对比带来的突兀感受；条纹图案的地毯让墙面的色彩得以延伸，使空间色彩层次丰富又有亲和力。

多以象牙白为主色调，以浅色为主深色为辅。对比拥有浓厚欧洲风味的欧式装修风格，简欧更为清新，也更符合中国人内敛的审美观念。柔美浅色调的家具显得高贵优雅，简欧风格家居适合选用米黄、白色的柔美花纹图案的暖色系家具。

婴儿蓝 + 姜黄 + 象牙白

精致时尚的婴儿蓝色沙发与象牙白优雅曲线彰显了空间的浪漫气氛，姜黄色的几何图案地毯与背景墙墙面装饰画相呼应，将黄蓝色的对比上升到艺术的高度；而竖长的镜面装饰，则在视觉层次上让这种对比更加强烈且具有艺术性。

白色 + 暗绿色

透亮的白色基调空间中，一切硬装与软装都呈现出更强烈的质感。光影与石材纹理的虚实对比中，精致的餐桌椅和水晶吊灯体现出空间优雅时尚的情调与品质，而远处暗绿色的窗帘则将空间的层次距离拉得更远。

蓝色 + 米黄色 + 白色

当黄色的明度极高时，是所有色彩中最有前进感的色彩，故而在卧室的色彩设计中，最好避免明亮的黄色，而使用较为隐蔽的米黄色做为墙面的颜色；在软装色彩的选择上，用柔和的蓝色调做为卧室的主色调，一方面与米黄色形成对比，另一方面与可以营造出卧室宁静的氛围。

白色 + 黑色 + 金色

纯白色沙发配以黑色扶手，轮廓和转折优美对称，显得空间高贵典雅；地毯由对称而富有节奏感的几何图案构成，同样黑白对比强烈，可以将现代时尚的特征准确地表达；挑选了四方连续的亮金色隔断，有效地中和了大量黑白色对撞所带来的沉闷感。

在工业风格的空间中，一般选择经典的黑白灰作为主色调，在软装配饰中可以大胆用一些彩色，比如夸张的图案和油画，不仅可以中和黑白灰的冰冷感，还能营造一种温馨的视觉印象。工业风格是一种非常具有艺术范的风格，在色彩上可以用到玛瑙红、复古绿、克莱因蓝以及明亮的黄色等作为辅助色来进行搭配。

白色 + 原木色 + 黑色

即使是一个白色与原木色的明亮空间，只要加入了黑色铁制家具也会变得有工业气息；一个有坡度的木制吊顶，一方面将开放式厨房、餐厅与吧台结合在一起，另一方面粗犷自然的肌理与墙面形成了质感的对比变化，成为空间中的一个亮点。

白色 + 原木色 + 烟灰 + 黑色

设计感极强的大理石纹路的桌面搭配黑色的座椅，使空间呈现出富于现代气息的冷峻感；自然粗犷的木地板，木框的门和木制的楼梯，将工业气息与自然元素相融合，使得空间温馨又有质感。

水泥灰 + 原木色 + 黑色 + 柠檬黄

鲜明的几何形态硬装和灰色的基调，使空间显得十分硬朗；曲线优美的木制家具，明朗的柠檬黄落地灯与软装中鲜明的纹样，弱化了灰色空间的沉寂感与大梁的存在感，使空间展现出轻松休闲的一面。

铁灰色 + 红棕色 + 黑色

多种工业元素相结合，地面水泥的处理与吊顶的处理，尽可能地还原了自然的本质；铁艺与棕红色皮沙发的结合，无不增加了空间中的酷感，复古的吊灯通过与自然光线的结合，将空间的质感展现到极致，老旧与现代碰撞，冷酷又不压抑，充满个性。

4 法式风格配色要点

　　法式风格的整体空间最好选择比较低调的色彩，如以白色、亚金色、咖啡色等简单不抢眼的色彩为主色。再用金、紫、蓝、红等夹杂在白色的基础中温和地跳动，一方面渲染出一种柔和高雅的气质，另一方面也可以恰如其分地突出各种摆设的精致性和装饰性。

白色 + 米咖色 + 蓝色

　　色彩在空间里呈现的尺度，直接由面积大小决定，使用的面积越小，就越安全，所以当想运用色彩又无法预估风险的时候，小范围使用是最好的方法：一把蓝色单人沙发，一盏黄铜材质的落地灯，既能丰富空间层次又不用担心搭配过度造成的混乱。

白色 + 黄绿色 + 金色

　　黄绿蓝三色的使用中，选择明度、纯度都相近的颜色最不容易出错，而绿色本身就是黄色和蓝色两个元色之间的过渡色，蓝绿色的墙面与地面装饰，都能更加凸显金色家居的高贵质感；浅黄色的化卓纹样不断重复运用，在不经意间诠释了空间的浪漫与少女气息。

白色 + 蓝色 + 金色

　　蓝色与白色的搭配突出空间的秀丽气质，使得家具上略显庄严的金色装饰线不会有装饰过度的感觉；整体秀丽薄巧，轻柔微妙，用深蓝色框住饱和度低的淡蓝，突出淡蓝的细腻；秀气的草纹、细腿形制的家具，曼妙轻盈的织物，使空间整体透露出空灵与舒适。

白色 + 蓝色 + 黄色

　　人们习惯通过墙面装饰品的颜色来搭配家具的色彩，所以在软装陈设中，选用与蓝色互补的黄色，可以营造一种年轻有趣的视觉感受，蓝色水晶吊灯与桌上的黄色插画形成有趣的对位，使整个空间更加时尚、活跃。

田园风格在色彩方面最主要的特征就是以暖色调为主，淡淡的橘黄、嫩粉、草绿、天蓝、浅紫色等一些清淡与水质感觉的色彩，能够让室内透出自然放松的气氛。但是田园风格中的彩色一般没有现代风格中的跳跃，显得比较灰，比较厚重。

淡粉 + 苹果绿 + 木色

原木制成的假梁与同色系的家居陈设使卧室呈现出接近自然的原生态美感，与色彩明快跳跃的苹果绿床品打造出愉悦的表情。线条精准的细框装饰画布满背景墙，与黑色床头形成有趣的强烈对照。

淡粉色 + 粉绿色

绿色是最具有休闲气质的色彩，富于变化的绿色系花鸟纹样墙纸，配合粉绿白花窗帘，点明了这个空间的田园主题；窗外绿意盎然，室内工笔花鸟，两者之间一袭帘，悠然自得。

白色 + 淡粉色 + 黑色

以洁净的白色做为餐厅空间的主色调，配以活泼轻柔的淡粉色，以达到其作为就餐环境所需要的干净、明亮的氛围。墙饰的选择显示出空间的个性，偶尔跳跃其间的黑色框搭配一个雕刻细腻的黑色餐边柜，收紧了空间过多的白色。

白色 + 红色

选择一种重点色来回多次出现，是色彩设计中好学且容易操作的方法之一。以大量白色作为背景加以局部饱和度很高的红色作为搭配，可以轻松打造出富有情趣的效果。即使杂物多也不容易凌乱，使用亮眼的红色强调刺激，统一了空间视觉。

　　港式风格不追求跳跃的色彩。黑白灰是其常用的颜色。同一套居室中没有对比色，基本是同一个色系，比如米黄色、浅咖啡、卡其色、灰色系或白色等，凸显出港式家居的冷静与深沉。港式风格还有一个优点就在于大量使用金属色，却并不让人感觉沉重。

浅褐色 + 蓝色 + 白色

　　墙面与地面的色彩关系整体协调连贯，以丰富多变的蓝色与浅褐色为主，辅以金色点缀，形成贵气十足的现代空间，铜质家具的运用，巧妙得体，既与蓝色形成互补关系，又是石材饰面的色感延伸，将空间连贯凝聚成一个丰满的整体。

灰色 + 金色 + 黑色

　　宛若天然的大理石波浪纹里，辅以精致的梯级细节刻画，使之既有现代的凹凸感，又有优美的曲线感，局部反射式的柔和灯光照在香槟色的沙发面料上，金色金属饰面静静地泛着影影绰绰的灯光，朦胧浪漫之感油然而生。

米灰色 + 茶色 + 白色 + 蓝色

　　在米灰色与茶色的基调中隐藏了丰富的行云流水般的图案，床头背景墙上的两面茶镜对仗工整，简约线条造型的奶白色柜体体现了空间中高雅的欧式格调，东方和西方元素并存，国际范呼之欲出。

香槟色 + 宝蓝色

　　典雅端庄的香槟色系最容易展现卧室闲适的氛围，在此基础上，艺术化地夸张处理了地毯上的花瓣图案，使之尺度变大，温柔的视觉感受不言而喻；另外再适当添加一些出挑的宝蓝色，用铜氨丝质地的柔软面料凸显蓝色的高贵气质，提升了空间的质感。

新中式设计风格的色彩趋向于两个方向发展：一是色彩淡雅、富有中国画意境的高雅色系，以无色彩和自然色为主，能够体现出居住者含蓄沉稳的性格特点；二是色彩鲜明的富有民俗意味的色彩，映衬出居住者的个性。

黄灰色 + 黑色 + 白色

大地色系往往给人稳重之感，用不同材质纹理诠释相同色系可以丰富视觉上的变化；黑色台几和白色光源，中和了大地色系带来的灰黄感受，而交叉的黑色细脚和白色圆形网格状吊灯，强化了空间的硬装轮廓，使空间条理清晰，张弛有度。

桑染黄 + 浅绛色 + 亚麻色

同为大地色系的墙面与桌面，虽然颜色相近但是质感不同，相映成趣，台面陈设精致的水晶杯，通透而华丽；格栅用精练畅快的黑色细线将平面分割得富有节奏变化，空间中的植物陈设大多一枝独秀，高低错落，饶有意境。

浅黄 + 黑色 + 白色 + 驼色

浅绛黄色营造了一个诗意悠远的中式空间，宝蓝色的布料选择，与黑色睡床搭配沉稳，与原木色搭配自然，都十分契合；浅褐色椭圆形沙发与装饰画的色调前后呼应，使空间的层次感达到意境深远的效果；白色的床幔充满浪漫韵味，柔化了黑色硬朗的线条，凸显惬意气质。

靛青 + 黑色 + 白色

蓝色与黑色在一起会产生出极为冷静的空间表情，本案中的蓝色同时具有前进和后退两种气质，主从关系明显，辅之以 20 世纪家具形态变革的餐椅，形制轻盈而神韵厚重；洁白落苏的桌旗与桌面陈设形成正负的变化关系，糅合着视觉上的统一。

东南亚风格在色彩方面有两种取向：一种是融合了中式风格的设计，以深色系为主，例如深棕色、黑色等，令人感觉沉稳大气；另一种则受到西式设计风格影响，以浅色系较为常见，如珍珠色、奶白色等，给人轻柔的感觉，而材料则多经过加工染色的过程。

如果痴迷于东南亚情调，就不要吝惜在墙面、地面铺上红色、藕荷色、墨绿色等充满华丽感觉的装饰材料，不用担心太过浓丽，只要与家具搭配得当，布艺上巧下心思就可以了。

白色 + 水蓝色 + 黄色

明度极高，纯度极低的水蓝色会有前进的感觉，餐桌背景的装饰镜点明了空间主题，细节精致巧夺天工，与水蓝色相结合创造出美轮美奂的效果；丰富多变的花砖与桌上的器皿相映成趣，小范围中采用补色原理进行调和。

黄色 + 蓝色 + 红色

使用较高饱和度的色彩相结合，向四周连续延伸的图形纹理带着和谐韵律的空间波动，多种元素的游离飘荡中，中黄色与孔雀蓝的结合，细节处用各式曲线将其进行分割形成主从关系，细腻的印花图案与大片的色彩之间形成极强的节奏感。

绿色 + 棕红色 + 米白色

将两种对比色一起使用而没有违和感，技巧将某种色彩的明度降低；有个性的家居搭配要有鲜明的主题和极致的色彩，用深浅不一的苔草绿做为前进色，既能缓解绛红色的乏闷，同时又能解决苔草绿的过度轻佻感。

米咖色 + 红棕色 + 松绿

米咖色和红棕色创造出温和的居家色彩，本案大量采用了这两种色将整体的配色达成统一，空间中不同程度的咖的表现恰如其分，通过松绿和米白的帷幔来柔和空间层次，睡眠品质也随之提升。

新古典风格在色彩的运用上打破了传统古典主义的厚重与沉闷，以亮丽温馨的象牙白、米黄，清新淡雅的浅蓝、稳重而不失奢华的暗红、古铜色等演绎华美风貌。图案纹饰上多以简化的卷草纹、植物藤蔓等装饰性较强的造型作为装饰语言。

白色 + 黛青色 + 藕紫色

白色是空间中最具包容性的颜色，在背景墙上选择了一幅意境缥缈的装饰画，将白色在空间中的特质得以具象展示；一把藕紫色单人沙发，给室内增添了一份灵动感，墙角黑色烤漆面的边柜在肌理上又一次与整体空间气质形成呼应的对比构成关系。

白色 + 黑色 + 绿色

绿色以不同色相与明度呈现的方式点明空间主题，用镜面黑色与绿色进行高对比度搭配，可以更好地体现绿色元素在色阶、色度上的层次与纯粹；白色做为硬装的主要颜色，融合了多种元素的组合，并且使空间给人以清透典雅的感受。

白色 + 绿色 + 柠檬黄

巧妙地采用白色做为背景画面，将线状、点状、块状的绿色物体点缀其间，使空间整体上相呼应，瞬间就有了当代艺术的气质与美感。在配合少量高亮度柠檬黄作为点缀，通过冷暖对比变成了舒压色，具备了成熟的条理层次。

米咖色 + 金色 + 白灰色

米咖色的运用在空间中形成了丰富的层次视感，金色的点缀将不同色彩的家具统一在一起，墙面、顶面、柜体边界、床与沙发的轮廓等用不同质感的金色丰富了空间的节点，无论在材质表情还是色块形状上都进行了对比与统一。

地中海风格的最大魅力来自其高饱和度的自然色彩组合，但是由于地中海地区国家众多，呈现出很多种特色：西班牙、希腊以蓝色与白色为主，这也是地中海风格最典型的搭配方案，两种颜色都透着清新自然的气息；南意大利以金黄向日葵花色为主；法国南部以薰衣草的蓝紫色为主；北非以沙漠及岩石的红褐、土黄组合为主。

白色 + 水蓝色

大面积水蓝色强调了整个空间氛围，产生平和、稳定、安全的心理感受；深邃的藏蓝色单人沙发，仿佛向平静水面投掷了一粒石子，使得蓝色在空间中鲜活起来；再用明度降低的橙色面料点缀其间，增加了色阶的层次，使原本平白的空间多了随性的艺术气质。

白色 + 咖色

素雅的木制桌椅与怀旧的吊扇灯相映成趣，整个空间的氛围较为古朴且鲜有精雕细琢；通过马赛克瓷砖的组合设计，突出空间明亮跳跃的氛围，并且都带有细腻的色彩变化；而拱门和带有自然肌理的洁白墙面为整个空间提升了一个大节奏，稳住了地面色彩带来的活泼感。

白色 + 黑色 + 淡蓝

看似简单的墙面与顶面，通过黑色线框使之产生体量上的节奏感，框线使整个空间产生了巨大的画面感，洁白的软装陈设与顶面造型产生呼应联系，有着里与外的节奏变化，而淡蓝色的窗帘彻底诠释了这个空间做为卧室的宁静情绪。

乳白色 + 米色 + 灰蓝色

整体采用了乳白色系的同类色，其中，格纹的沙发面料与灰蓝色棉麻抱枕搭配使用，而藤筐的介入在材质层面上为其添加了大自然的清新元素；悬挂着的粗针织乳白色毛线面料绒球与沙发后的可爱摆件，无不显示出空间的文艺气质。

简约风格在色彩选择上比较广泛，只要遵循以清爽为原则，颜色和图案与居室本身以及居住者的情况相呼应即可。黑灰白色调在现代简约的设计风格中被作为主要色调广泛运用，让室内空间不会显得狭小，反而有一种鲜明且富有个性的感觉。此外，简约风格也可以使用苹果绿、深蓝、大红、纯黄等高纯度色彩，起到跳跃眼球的功效。

灰色 + 群青色 + 咖色 + 柠檬黄

运用黄色与群青色之间的对比关系进行撞色搭配，其亮点在于原木色的介入，使得该撞色搭配在灰色系的硬装环境中不至于太生硬；精心挑选的艺术装饰画与花艺更是整个配色系统中的点睛之笔。

白色 + 粉色 + 橙色

明快的粉色系如果单独使用，会使得空间失去对比度而带来缥缈感，这时就需要加入新的色彩进行调节；草绿色与橙色同属暖色系，粉色偏紫属冷色系，当空间具备冷暖对比，便具备丰富的层次感。

咖色 + 柠檬黄 + 白色

大地色系用在现代风格中同样可以很出彩，要点是善用对比。明亮的柠檬黄可以有效规避大地色系过于厚重的感觉，窗帘与挂画在此基础上调和出高反差的红蓝配色，细腻的印花与大片的黄色之间形成极强的节奏感。

黑色 + 白色 + 金色

整体采用经典的高级灰配色，呈现出冷灰系的优雅格调，其间点缀的香槟金配饰与高光钢琴烤漆藏青色饰面柜体之间形成轻奢的互补色对比；装饰画的色调延续了基调色系，加强空间整体感。

现代时尚风格的色彩运用大胆创新，追求强烈的反差效果，或浓重艳丽或黑白对比。如果空间运用黑、灰等较暗沉的色系，那最好搭配白、红、黄等相对较亮的色彩，而且一定要注意搭配比例，亮色只是作为点缀提亮整个居室空间，不宜过多或过于张扬，否则将会适得其反。

白色 + 爱琴海蓝

蓝色的抽象背景跳跃着弗朗明哥的热烈，藏蓝的床头，以及光照下梦幻的淡蓝色纱窗，为空间营造出梦境一般的视觉感受；以白色作为背景，辅以少量紫罗兰和变化丰富的黄绿色，巧妙运用柔和的丝类材质，将唯美梦幻的特征表达得更加准确。

黑色 + 白色 + 驼色

以黑色与白色的利落线条作为墙地面的硬装图案，在软装的选择上就要避免平直的直线带来的克制感；家具选用浅米黄色和浅棕色方形沙发，可以有效提升空间的温和舒适感；精致的绿植鲜嫩的色彩，又为空间带去一股轻松灵动的自然之美。

白色 + 蓝色 + 红色

红蓝搭配是色彩使用中经典的撞色运用，本案中采用蓝色烤漆面的台面，与丝绒质地的红色餐椅在颜色与材质上都形成了玩味有趣的激烈碰撞，而夸大比例的写实黑白照片呼应了抽象的地毯图案，将空间时尚感凸显得淋漓尽致。

玫红色 + 黑色 + 白色

将玫红色明度降低使用，又配以黑白对比强烈且几何拼接的地面铺装，整个空间具有硬朗的特征；轴对称悬挂的装饰画和后现代不锈钢镜面茶几上摆放的亮蓝色陶瓷器皿，都在诠释着空间的时尚气质。

美式乡村风格的色彩多以自然色调为主，绿色、土褐色较为常见，特别是墙面色彩选择上，自然、怀旧、散发着质朴气息的色彩成为首选。不同于欧式风格中的金色运用，美式乡村风格更倾向于使用木质本身的单色调。大量的木质元素使美式风格空间给人一种自由闲适的感觉。

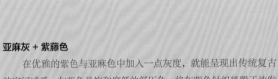
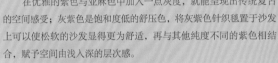

亚麻灰 + 紫藤色

在优雅的紫色与亚麻色中加入一点灰度，就能呈现出传统复古的空间感受；灰紫色是饱和度低的舒压色，将灰紫色针织毯置于沙发上可以使松软的沙发显得更为舒适，再与其他纯度不同的紫色相结合，赋予空间由浅入深的层次感。

鸦青色 + 灰色 + 秋香黄

相较于运动型的蓝色，中性简约的灰蓝色调更适合卧室。在软装的选择上，用不同的图案去体现不同的灰度，呈现出空间优雅的气质。大面积的灰蓝背景使得卧室宁静平和，其中又跳脱出一些秋香黄的陈设，仿佛静谧的秋日又绽放出热烈的秋日之花。

灰色 + 绿豆灰 + 白色

软装陈设，使空间呈现出安宁的气氛。温柔的绿豆灰作为画面之中的前景色，减轻陌生、拘谨的感觉，提供了卧室的亲切感，而家具固有的深棕色，收拢了整个空间，将视觉感受趋于稳定。

牙白 + 褐色

拥有优美曲线的褐色茶几和边几强调出空间奶白色的硬装边界，与奶白色方形沙发相配，使得空间呈现出明净典雅的高贵气质；几何抱枕和棕红色的欧式面料抱枕呼应了茶几色调，再挑选三件晶莹剔透的冰蓝玻璃器皿，使得画面稳定和谐。

欧式古典风格的色彩大多金碧辉煌。红棕色的木纹彰显雍容，白色大理石演绎优雅的华彩，蜿蜒盘旋的金丝银线和青铜古器闪闪发亮。另外，以深色调为代表的色彩组合也适合于欧式古典，藏蓝色、墨绿色的墙纸，暗花满穗的厚重垂幔，繁复图案的深色地毯，配上白色木框的手扶手，贵族气息顿时扑面而来。

白色 + 金色

白色搭配金色，本身就产生了强烈的法式情怀，在家具的选型上，就要格外注重整体性，不光要体现法式色彩，更需要呼应地面的材质，选择可以与之协调的原木色作为搭配要素。

红棕色 + 米色

米色与棕色是欧式风格家居中最经典的配色，在软装设计中过分追求米色与棕色的家具会带来沉闷之感，那么在陈设中加入一笔墨绿色，可以有效提升空间的品质感；挂画与花瓶的墨绿色呼应绿植的色彩，令空间有了一笔自然优雅之美。

紫罗兰 + 粉绿 + 金色

充满贵族气质的客厅空间的软装色彩呈现出两大对比：紫金系列与绿金系列；但要注意当一个空间出现两种对比色的时候，需要降低其中一个对比色系的饱和度，以此来彰显空间色彩的主从关系。

红棕色 + 白灰色 + 橄榄绿 + 金色

冷灰色与橄榄绿以及红棕色搭配最为适宜，整个空间毫无沉闷感；橄榄绿的窗帘与墙纸在墙面上调和了红木的质地，冷灰色布艺将整体色调处理得平和冷静，蜜糖色收边进一步提升空间品质。

中式古典风格以黑、青、红、紫、金、蓝等明度高的色彩为主，其中寓意吉祥、雍容优雅的红色更具有代表性。中式古典风格的饰品色彩可采用有代表性的中国红和中国蓝，居室内不宜用较多色彩装饰，以免打破优雅的居家生活情调。室内空间的绿色尽量以植物代替，如吊兰、大型盆栽等。

乳白色 + 深棕色

对称工整的空间布局中，延伸了明代家居元素的乳白色家具，以轻巧的结构形态巧妙地弱化了木制坡度吊顶的存在感，白墙和踢脚线的处理与顶面形成了富有节奏的变化关系，给人以宽敞的空间感，突出简约典雅的设计情怀。

深棕色 + 红色

选用大量的红色装饰，第一眼就给人以热烈的东方美；背景墙上两侧深棕色木制格栅勾勒出装饰画的轮廓，一幅工笔花鸟隐隐地传达出空间所期盼的愿景，桌上的器皿用不同层次的同色搭配，与玻璃器皿的透亮材质一同为空间注入独特的温馨与柔情。

咖色 + 蓝色 + 黄色

提炼了传统元素的吊顶古典文雅，与地毯的格纹互相呼应；宝蓝色的抽象意境装饰画赋予客厅独特的神态气质，将空间情境提升地更加深邃悠远；白色吊灯成为空间中最明亮的部分，使空间中游离荡漾的元素产生了微妙的化学变化。

米咖色 + 深棕色

通过对顶灯艺术性地放大处理，将细节量化到最大；形制简约直白的家具陈设，凸显出空间山水画一般的生动气韵。沙发背景墙上通过三角结构的处理将功能和视觉结合在一起，艺术抽象化的图案元素穿插在空间中。

利用色彩轻重感

深色给人下坠感，浅色给人上升感。同纯度同明度的情况下，暖色较轻，冷色较重。空间过高时，可用较墙面温暖、浓重的色彩来装饰顶面。但必须注意色彩不要太暗，以免使顶面与墙面形成太强烈的对比，使人有塌顶的错觉；空间较低时，顶面最好采用白色，或比墙面淡的色彩，地面采用重色。

◆ 层高过高的房间适用较墙面浓重的色彩来装饰顶面

◆ 层高过低的房间顶面适用白色

深色和暖色可以让大空间显得温暖、舒适。强烈、显眼的点缀色适用于大空间的墙面，用以制造视觉焦点，比如独特的墙纸或手绘。但要尽量避免让同色的装饰物分散在屋内的各个角落，这样会使大空间显得更加扩散，缺乏中心，将近似色的装饰物集中陈设便会让室内空间聚焦。

清新、淡雅的墙面色彩运用可以让小空间看上去更大；鲜艳、强烈的色彩用于点缀会增加整体的活力和趣味；还可以用不同深浅的同类色做叠加以增加整体空间的层次感，让其看上去更宽敞而不单调。

◆ 大面积冷色适用于调节面积过大的空间

◆ 清新淡雅的墙面色彩让小空间显得更大

有些太过方正的小房间会让人感觉憋闷压抑，要改变这种状况，扩大视觉空间，可在地面上满铺不花哨的中性色地毯，但色彩不能太深，也不能太浅；墙面至少用两种较地毯浅的色彩。顶面用白色，而门框及窗框采用与墙面相同的色彩。

3 利用色彩进退感

纯度高、明度低、暖色相的色彩看上去有向前的感觉，被称为前进色；反之，纯度低、明度高、冷色相被称为后退色。如果空间空旷，可采用前进色处理墙面；如果空间狭窄，可采用后退色处理墙面。

如果房间太过狭长，在两面短墙上所用的色彩应比两面长墙更深暗一些，即短墙要用暖色，而长墙要用冷色，因为暖色具有向内移动感。另一种方法是在墙面铺贴墙纸，至少一面短墙上的墙纸颜色要深于一面长墙上的墙纸颜色，而且墙纸要呈鲜明的水平排列的图案。这样的处理会产生将墙面向两边推移的效果，从而增加房间的视觉空间。

前进色

后退色

◆ 前进色的墙面调节空间空旷感

◆ 后退色的墙面调节空间狭窄的缺陷

▷ 空间细部的配色要点

墙面配色要点

墙面在家居空间环境中起着最重要的衬托功能，配色时应着重考虑其与家具色彩的协调及反衬的需要。通常，对于浅色的家具，墙面宜采用与家具近似的色调；对于深色的家具，墙面宜用浅的灰性色调。

一般来讲，墙面不适合使用太艳的颜色，通常中性色是最常见的，如米白、奶白、浅紫灰等色。另外，墙面颜色的选定，还要考虑到环境如气温等因素带来的影响。比如，阳面的房间，墙面宜用中性偏冷的颜色，这类颜色有绿灰、浅蓝灰、浅黄绿等；阴面的房间则应选用偏暖的颜色，如奶黄、浅粉、浅橙等。

◆ 墙面与家具的色彩搭配和谐

◆ 温馨淡雅的米色系是应用最广的墙面色彩

墙面颜色的设计还要考虑与室外环境色调的协调问题。比如，室外有大片红墙的话，室内墙面就不宜用绿色系，因为红与绿对比过于强烈，处理不好就给人一种杂乱无章的色彩视觉污染。

地面色彩构成中，地板、地毯和所有落地的家具陈设均应考虑在内。地面通常采用与家具或墙面颜色接近而明度较低的颜色，以期获得一种稳定感。

室内地面的色彩应与室内空间的大小、地面材料的质感结合起来考虑。有的业主认为地面的颜色应该比墙面重才好，对于那些面积宽敞、采光良好的房子来说，这是比较合理的选择。但在面积狭小的室内，如果地面颜色太深，就会使房间显得更狭小了，所以在这种情况下，要注意整个室内的色彩都要具有较高的明度。

穷的可能性。所以先确定家具之后，可以根据配色规律来斟酌墙、地面的颜色，甚至包括窗帘、工艺饰品的颜色也由此来展开。有时候一套让人喜爱的家具，还能提供特别的配色灵感，并能以此形成喜爱的配色印象。

◆ 沙发的色彩通常是客厅空间的主体色

◆ 采光良好的大空间中地面颜色应比墙面更深

◆ 由家具色彩展开空间的整体配色方案

3 家具配色要点

空间中除了墙、地、顶面之外，家具的颜色面积最大了，整体配色效果主要是由这些大色面组合在一起形成的，孤立地考虑哪个颜色都不妥当。家具颜色的选择，自由度相对较小，而墙面颜色的选择则有无

家具色彩除了考虑硬装色彩外，还应兼顾硬装材质与家具的匹配度、硬装素材中造型与家具外观的匹配度、硬装造型中线形设计与家具用材的匹配度等。

4 | 窗帘配色要点

恰当的窗帘色彩可以和整个家居环境融为一体，并强化居室的格调；反之，则会使房间显得杂乱、缺乏美感。窗帘的色彩可以选择墙面的同色或者对比色，还可以将家具、布艺的色彩引伸到窗帘和灯具中。如果房间家具的色彩较深，在挑选布艺时，可选择较浅淡的色系，颜色不宜过于浓烈、鲜艳。选择与家具同种色彩的窗帘是最为稳妥的方式，可以形成较为平和恬静的视觉效果。当然，还可以将家具中的点缀色作为窗帘主色，从而营造出灵动活跃的空间氛围。

◆ 选择与家具同种色彩的窗帘可以形成平静和谐的视觉效果

◆ 窗帘色彩和整体环境融为一体

5 | 装饰画配色要点

一般情况下，装饰画的主体颜色和墙面的颜色最好能同属一个色系，以显融洽。但与此同时，装饰画中最好能有一些墙面颜色的补色作为点缀。所谓补色，就是色彩环上呈现 180 度的对比色彩，比如，蓝色与橙色、紫色与黄色、红色与绿色等。

画框的颜色也能为墙面添色不少。一般情况下，如果整体风格相对和谐、温馨，画框宜选择墙面颜色和画面颜色的过渡色；如果整体风格相对个性，装饰画也偏向于采用选择墙面颜色的对比色，则可采用色彩突出的画框，形成更强烈和动感的视觉效果。此外，黑白灰是区别于彩色的三种"消色"，能和任何颜色搭配在一起，也非常适合应用在画框上。

▷ 家居空间的配色要点

1 餐厅配色要点

餐厅是进餐的专用场所，它的空间一般会和客厅连在一起，在色彩搭配上要和客厅相协调。具体色彩可根据家庭成员的爱好而定，一般应选择暖色调，如深红、橘红、橙色等。这样的色彩设计不但能从心理上提高人的食欲，而且能营造一种温馨甜蜜的氛围。在局部的色彩选择上可以选择白色或淡黄色，这是便于保持卫生的颜色。

◆ 暖色调在一定程度上可以提高人的食欲

◆ 鹅黄色墙面有利于营造餐厅的温暖氛围

2 客厅配色要点

客厅一般面积较其他的房间大，色彩运用也最为丰富。客厅的色彩要以反映热情好客的暖色调为基调，并可有较大的色彩跳跃和强烈的对比，突出各个重点装饰部位。

墙面色彩的确定首先要考虑客厅的朝向。南向和东向的客厅一般光照充足，墙面可以采用淡雅的浅蓝、浅绿等冷色调；北向客厅或光照不足的客厅，墙面应以暖色为主，如奶黄、浅橙、浅咖啡等色调，不宜用过深的颜色。其次，墙面色彩要与家具、室外的环境相协调。

◆ 冷色调适用于光照充足的客厅

◆ 暖色调适用于北向的客厅

以单色为主，单色的卧室会显得更宽大，不会有拥挤的感觉。卧室的地面一般采用深色，不要和家具的色彩太接近，否则影响立体感和明快的线条感。卧室家具的颜色要考虑与墙面、地面等颜色的协调性，浅色家具能扩大空间感，使房间明亮爽洁；中等深色家具可使房间显得活泼明快。

◆ 整体协调的卧室色彩搭配

3 卧室配色要点

　　卧室装修时，尽量以暖色调和中色调为主，过冷或反差过大的色调尽量少使用。色彩数量不要太多，2~3色就可以，多了会显得眼花缭乱，影响休息。墙面、地面、顶面、家具、窗帘、床品等是构成卧室色彩的几大组成部分。

　　卧室顶部多用白色，显得明亮。卧室墙面的颜色选择要以主人的喜好和空间的大小为依据。大面积的卧室可选择多种颜色来诠释；小面积的卧室颜色最好

◆ 单色的墙面会让卧室空间显得更加开阔

　　书房是学习、思考的空间，应避免强烈刺激，宜多用明亮的无彩色或灰棕色等中性颜色。家具和饰品的颜色，可以与墙面保持一致，在其中点缀一些和谐的色彩。如书柜里的小工艺品，墙上的装饰画等，不过在购买装饰画时，要注意其在色彩上是为点缀用，在形式上要与整体布局协调。

　　厨房是烹饪食物的场所，是一个家庭中卫生最难打扫的地方。空间大、采光足的厨房，可选用吸光性强的色彩，这类低明度的色彩给人以沉静之感，也较为耐脏；反之，空间狭小、采光不足的厨房，则相对适应于明度和纯度较高、反光性较强的色彩，因为这类色彩具有空间扩张感，在视觉上可弥补空间小和采光不足的缺陷。

　　厨房的墙面一般为乳白色或白色，给人以明亮、洁净、清爽的感觉。有时也可在厨具的边缝配以其他颜色，如奶棕色、黄色或红色，目的在于调剂色彩，特别是在厨餐合一的厨房环境中，加以一些暖色调的颜色，与洁净的冷色相配，有利于促进食欲。

◆ 利用书柜中的花瓶饰品为书房增彩

◆ 整体感较强的书房色彩搭配

◆ 小厨房适合采用明度高和反光性较强的色彩

◆ 空间较大的厨房适合采用低明度且耐脏的色彩

◆ 卫浴间适合选择清淡的色彩表现清洁感

卫浴间是一个清洁卫生要求较高的空间。色彩以清洁感的冷色调为佳，搭配同类色和类似色为宜，如浅灰色的瓷砖、白色的浴缸、奶白色的洗脸台，搭配淡黄色的墙面。

白色是卫浴间最常见的颜色，显得洁净、明亮，与人们对卫浴间的需求相吻合。建议用深浅色搭配，这样效果最好。

卫浴间的墙面、地面在视觉上占有重要地位，颜色处理得当有助于提升装饰效果。一般有白色、浅绿色、玫瑰色等。材料可以是地砖或者马赛克，一般以接近透明液体的颜色为佳，可以有一些淡淡的花纹。

◆ 红色给卫浴空间带来热情和浪漫的气氛

▷ 商业空间的配色要点

┃ 餐饮空间配色要点

　　黄、橙色是欢快喜悦感的象征色彩，且易产生水果成熟的味觉联想，激发人的食欲，是餐饮业中的常用色彩。如果想要创造具有独特品位的餐厅环境，可以打破常规用色，采用表现个性的色彩处理；快餐中的色彩一般选用高明度的色彩与高彩度的色彩结合；各类餐厅的小包间的用色比较灵活，具体应根据包间的空间大小、风格特点决定。

◆ 运用大面积绿色的泰式餐厅

◆ 降低纯度的红绿色搭配奠定了复古怀旧的格调

◆ 定位年轻消费群体的棕色系工业风餐厅

◆ 利用金色表现港式餐厅的低调奢华气质

酒店的色彩设计需要考虑气候、温度和酒店房间的位置、朝向。如果酒店位于比较高温的地方，房间里的颜色就应该尽量避免使用暖色调；如果酒店是处在纬度比高的地方，房间里不宜使用冷色系来做搭配。

如果酒店位于民族风情浓厚的地方，设计时最好借鉴当地的传统文化底蕴。很多时候住客可能就是因为这种民族风慕名而来，因此设计师需要把握好这些色彩细节。

此外，酒店房间颜色的选取还要考虑价格定位的问题，例如都市的大酒店适合时尚、宏伟、高档的色彩；旅游景点的酒店或汽车旅馆，更为适合可以营造亲切气氛的色彩。

◆ 度假型酒店的大堂一角

◆ 中式风格酒店客房

◆ 东南亚风格酒店客房

◆ 现代时尚风格酒店客房

办公空间的色彩搭配原则是不但能满足工作需要，而且应提高工作效率。通常采用彩度低、明度高且具有安定性的色彩，用中性色、灰棕色、浅米色、白色的色彩处理比较合适。

职员的工作性质也是设计色彩时需要考虑的因素。要求工作人员细心、踏实工作的办公室，如科研机构，要使用清淡的颜色；需要工作人员思维活跃，经常互相讨论的办公室，如创意策划部门，要使用明亮、鲜艳、跳跃的颜色作为点缀，刺激工作人员的想象力。

◆ 时尚风格办公空间

◆ 新中式风格办公空间

◆ 灰色调的工业风办公室

◆ 北欧风格办公空间

◆ 柠檬黄是现代风格办公室中的绝配

◆ 低纯度和明度的办公室色彩有助于使用者静心思考

04

软装图案分类

与装饰应用

1 卷草纹——

寓意吉祥的中国传统图案

卷草纹是中国传统图案之一。多取忍冬、荷花、兰花、牡丹等花草，经处理后作"S"形波状曲线排列，构成二方连续图案，花草造型多曲卷圆润，通称卷草纹。因盛行于唐代，又名唐草纹。卷草纹与自然中的这些植物并不十分相像，而是将多种花草植物的特征集于一身，并采用夸张和变形的方法创造出来的一种意向性装饰样式，如同中国人创造的龙凤形象一样。

卷草纹根据装饰位置的不同，可成直线、转角，也可成圆形、弧形，可长可短，可方可圆，变化无穷，成为应用最为广泛的边饰纹样之一。卷草纹通常是以横竖中心轴线为左右对称或上下对称，但不论是哪种形式，都要借助花卉纹样来实现。以花卉纹样为中心，向两个相背的方向上延伸，最终以枝叶或花卉结束。

◆ 卷草纹是寓意吉祥的中国传统图案之一

◆ 卷草纹

2 回纹——

最具中国特色的代表性纹样之一

回纹是被民间称为"富贵不断头"的一种纹样。它是由古代陶器和青铜器上的雷纹衍化来的几何纹样，因为它是由横竖短线折绕组成的方形或圆形的回环状花纹，形如"回"字，所以称作回纹。

最初的回纹是人们从自然现象中获得灵感而创造的，只是用在青铜器和陶器上做装饰用。到了宋代，回纹被当作瓷器的辅助纹样，饰在盘、碗、瓶等器物的口沿或颈部。明清以来，回纹广泛地用于织绣、地毯、木雕、漆器、金钉以及建筑装饰上的边饰和底纹。

图案连接起来，并将其视为甜蜜和永恒爱情的象征。

罗马文化盛世时期，大马士革图案普遍装饰于皇室宫廷、高官贵族府邸，因此带有一种帝王贵族的气息，也是一种显赫地位的象征。

流行至今，大马士革图案是欧式风格设计中出现频率最高的元素，有时美式、地中海风格也常用这种图案。

◆ 回纹是最具中国特色的代表性纹样之一

◆ 大马士革图案

3 大马士革图案——
欧式风格最常用图案之一

这种图案是由中国格子布、花纹布通过古丝绸之路传入大马士革城后演变而来的，这种来自中国的图案在当时就深受当地人们的推崇和喜爱，并且在西方宗教艺术的影响下，这种图案得到了更加繁复、高贵和优雅的演化。人们将一些小纹饰以抽象的四方连续

◆ 大马士革纹样是欧式风格最常用图案之一

纹理精细且质感豪华的装饰图案

佩斯利是辨识度最高的装饰纹案之一，是一种由圆点和曲线组成的华丽纹样，状若水滴，"水滴"内部和外部都有精致细腻的装饰细节，曲线和中国的太极图案有点相似。

佩斯利花纹是一种历史久远的装饰图案，因为其形状在不同文化、不同时期都有不同的称呼，例如"波斯酸黄瓜纹"和"威尔士梨纹"，而在中国也常被称为"腰果花纹"。佩斯利图案的由来和波斯文化、古印度文化密不可分，作为装饰图案在建筑、雕塑、服装和饰物中都有应用。

佩斯利图案的形态寓意吉祥美好，绵延不断，外形细腻、繁复、华美，具有古典主义气息，较多地运用于欧式风格设计中。

◆ 佩斯利纹样

◆ 佩斯利纹样是一种纹理精细且质感豪华的装饰图案

改变视觉空间感的装饰图案

永恒经典的条纹一直是家居软装的重头戏之一，在现代简约风格的设计中经常出现。利用条纹图案，既可以快速实现家居换装，同时还可以改变家居布置的一些缺憾。

一般来说，横条纹图案可以扩展空间的横向延伸感，从视觉上增大室内空间；在房屋较矮的情况下就可以选择竖条纹图案，拉伸室内的高度线条，增加空间的高度感，让空间看起来不会显得那么压抑，无论是卧室还是客厅，都很合适。

◆ 竖条纹可以在视觉上提升层高偏矮的房间高度

◆ 横条纹可以改变房间的视觉宽度

◆ 碎花图案

◆ 碎花图案适合表现清新田园风

6 碎花图案——

表现清新田园风的装饰图案

如果喜欢清新的田园风，那么不妨在装饰的时候加上一点碎花的元素，例如碎花墙纸、碎花窗帘、碎花布艺沙发等，这些小小的碎花图案能够轻松营造出春意盎然的田园风。

无论是浪漫的韩式田园风格，还是复古的欧式田园风格，碎花布艺沙发都是常见的客厅家具，再搭配其他造型较为简约的纯白色或者原木色家具，效果会比较好。如果采用碎花窗帘，最好是和碎花纱帘一起使用，这样才能搭配出完美效果，另外在碎花窗帘的设计上要注意避免堆积过多的碎花元素。

把碎花应用到家居设计中时，注意一个空间中的碎花图案不宜用太多，否则就会显得杂乱。如果是大小相差不多的碎花图案，尽量采用同一种花纹和颜色；如果是大小不同的碎花图案，可以采用两种花纹和颜色。

▷ 软装图案的功能与应用

Ⅰ 软装图案的装饰功能

风格表现

　　图案可以表达不同的风格特点，正确运用可以让软装作品更有亮点。例如：有浓重色彩、繁复花纹的图案适合具有豪华风格的空间；简洁抽象的图案能衬托现代感强的空间；带有中国传统文化的图案最适合中式古典风格的空间。

◆ 表现度假风情的图案

◆ 中式传统图案

◆ 简洁抽象图案

氛围塑造

图案能使空间环境具有某种气氛和情趣。例如有些带有退晕效果的墙纸，可以给人以山峦起伏、波涛翻滚之感；平整的墙面贴上立体图案的墙纸，让人看上去会有凹凸不平之感。带有具体图像和纹样的图案，可以使空间具有明显的个性，甚至可以具体地表现某个主题，造成富有意境的空间。

◆ 大花图案带来墙面缩小的视觉错觉

◆ 斜线图案会让空间富有动感

视觉表达

图案可以通过自身的明暗、大小和色彩改变空间效果。一般来讲，色彩鲜明的大花图案，可以使墙面向前提，或者使墙面缩小；色彩淡雅的小花图案，可以使墙面向后退，或者使墙面扩展。

图案还可以使空间富有静感或动感。纵横交错的直线组成的网格图案，会使空间富有稳定感；斜线、波浪线和其他方向性较强的图案，则会使空间富有运动感。

◆ 书柜图案给沙发墙带来立体感

◆ 墙绘图案点明美式乡村风格主题

室内环境能否统一协调而不呆板、富于变化而不混乱，都与图案的设计密切相关。色彩、质感基本相同的装饰，可以借助不同的图案使其富有变化，色彩、质感差别较大的装饰，可以借相同的图案使其相互协调。

2 室内空间的图案装饰

同一空间在选用图案时，宜少不宜多，通常不超过两个图案。如果选用三个或三个以上的图案，则应强调突出其中一个主要图案，减弱其余图案；否则，过多的图案会造成视觉上的混乱。

如果想让多种图案和谐地运用在同一个房间，可选择底色相同的布艺，只有图案造型不同，才能很好地协调到一个房间，图案最好为几何图形、剪影图形等二维图形。通常多色多图案的搭配方式，最适合用在青少年房间。

动感明显的图案，最好用在入口、走道、楼梯或其他气氛轻松的房间，而不宜用于卧室、客厅或者其他气氛闲适的房间；过分抽象和变形较大的动植物图案，只能用于成人使用的空间，不宜用于儿童房；儿童房的图案应该有更多的趣味性，色彩也可鲜艳一些；成人卧室的图案，则应慎用彩度过高的色彩，以使空间环境更加稳定与和谐。

◆ 多色多图案的运用注意色彩之间的呼应

◆ 动感明显的图案适用于餐厅之类的商业空间

第五章

软装家具搭配

与陈设艺术

▷ 11 类软装风格的家具搭配

北欧风格家具

北欧风格家具以实用为主，多以简洁线条展现质感，具有浓厚的后现代主义特色，注重流畅的线条，在设计上不使用雕花、纹饰，代表了一种时尚、回归自然、崇尚原木韵味的设计风格。

欧式风格家具以欧式古典风格装修为重要的元素，以意大利、法国和西班牙风格的家具为主要代表。讲究手工精细的裁切雕刻，轮廓和转折部分由对称而富有节奏感的曲线或曲面构成，并装饰镀金铜饰，结构简练，线条流畅，色彩富丽，艺术感强，给人一种华贵优雅、庄重的感觉。

3 法式风格家具

传统法式家具带有浓郁的贵族宫廷色彩，强调手工雕刻及优雅复古的风格，常以桃花心木为主材，完全手工雕刻，保留典雅的造型与细腻的线条感，椅座及椅背分别有坐垫设计，均以华丽的锦缎织成，以增加舒适感，还有大量主要起装饰作用的镶嵌、镀金与亮漆。新古典风格的法式家具简化了繁复的线条和装饰，常用胡桃木、桃花心木、椴木和乌木等材质，以雕刻、镀金、嵌木、镶嵌陶瓷及金属等装饰方法为主。

4 田园风格家具

　　田园风格家具一般选择纯实木为骨架，外刷白漆，配以花草图案的软垫，这种家具选用配套茶几即可；还有一种比较常用的二人或三人全布艺沙发，图案多以花草或方格为主，颜色清雅，通常配以木质浅纹路茶几。

5 新中式风格家具

　　新中式家具将传统中式家具的意境和精神象征保留，摒弃了传统中式家具的繁复雕花和纹路，多以线条简练的仿明式家具为主，但同时会引用一些经典的古典家具，如条案、靠背椅、罗汉床等，有时也会加入陶瓷鼓凳的装饰，实用的同时起到点睛作用。

比欧式古典更加的简化是新古典风格家具的特点，没有过于复杂的肌理与线条，更加适合现代人的审美观点以及生活。白色、咖啡色、黄色、黑色等是新古典家具中比较常见的色调。

新古典风格家具类型主要有实木雕花、亮光烤漆、贴金箔或银箔、绒布面料等。使用功能更加人性化，

增添舒适度是新古典家具比传统家具更受欢迎的原因之一。如新古典家具增加了布艺软垫等，更适应现代人追求舒适的家居需求。

东南亚风格家具崇尚自然、原汁原味，以水草、海藻、木皮、麻绳、椰子壳等粗糙、原始的纯天然材质为主，带有热带丛林的气息。在色泽上保持自然材质的原色调，大多为褐色等深色系，在视觉上给人以泥土与质朴的气息。

大部分的东南亚家具采用两种以上不同材料混合编织而成。藤条与木片、藤条与竹条，材料之间的宽、窄、深、浅，形成有趣的对比，各种编织手法的混合运用令家具作品变成了一件手工艺术品。

地中海风格的家具通常以经典的蓝白色出现，其他多以古旧的色泽为主，一般多为土黄、棕褐色、土红色等，线条简单且修边浑圆，往往会有做旧的工艺，展现出风吹日晒自然之美。材质上最好选择实木或者藤类，此外还有独特的锻打铁艺家具，也是地中海风格家居特征之一。

地中海风格最好是用一些比较低矮的家具，这样让视线更加开阔。同时，家具的线条以柔和为主，可以采用圆形或是椭圆形的木制家具，与整个环境浑然一体。

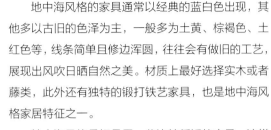

9 | 现代简约风格家具

现代简约风格的家具通常线条简单，沙发、床、桌子一般都为直线，不带太多曲线，造型简洁，强调功能，富含设计感。在材质方面会大量使用钢化玻璃，不锈钢等新型材料作为辅料，这也是现代风格家具的装饰手法。

传统的美式家具为了顺应美国居家大空间与讲究舒适的特点，尺寸比较大，但是实用性都非常强，可加长或拆成几张小桌子的大餐台很普遍。如果居室面积不够宽裕，建议还是选择经过改良、化繁为简或定制的现代美式家具，以符合实际空间的使用比例，达到完美的协调效果。美式乡村风格的沙发可以是布艺的，也可以是纯皮的，还可以两者结合，地道的美式纯皮沙发往往会用到铆钉工艺。

中式古典风格家具一方面是指具有收藏价值的旧式家具，主要是明代至清代四五百年间制作的家具，这个时期是中国传统家具制作的顶峰时代；另一方面是仿明清式家具，是现代的工人继承了明清以来家具制作工艺生产出来的。

▷ 客厅家具陈设艺术

客厅是日常生活中使用最为频繁的功能空间，是会客、聚会、娱乐、家庭成员聚谈的主要场所。客厅家具的选择与摆设，既要符合功能区的环境要求，同时要体现自己的个性与主张，还要让客人或家人在这里能有一个安心舒适的休闲娱乐空间。

单人沙发	双人沙发	三人沙发
单人沙发常以混搭的身份被穿插其中，既可以是客厅一个美丽的音符，也可以与其他家具组合成华丽的乐章。 单人沙发尺寸选购范围为 长度 80~95cm； 深度 85~90cm； 座高 35~42cm； 背高 70~90cm。	双人沙发一般用来在中小户型客厅中取代三人沙发的功能，双人沙发尺寸选购范围为 长度 126~150cm； 深度 80~90cm； 座高 35~42cm； 背高为 68~88cm。	三人沙发是客厅最常见的沙发，分为双扶三人沙发、单扶三人沙发、无扶三人沙发。 三人沙发尺寸选购范围为 长度 175~226cm； 深度 80~90cm； 座高 35~42cm； 背高为 80~100cm。

◆ 沙发是客厅中的主体家具

茶几

　　一般来说，沙发前的茶几通常高约 40cm，以桌面略高于沙发坐垫的高度为宜，但最好不要超过沙发扶手的高度，有特殊装饰要求或刻意追求视觉冲突的情况除外。

◆ 小户型客厅中常用收纳型茶几

收纳柜

　　布置收纳柜可以实现客厅小物品的储放，收纳柜的外观风格要和客厅的整体风格一致，尤其是细节方面，如斗柜拉手、柜脚等细节部分的设计。

◆ 客厅中的收纳柜兼具装饰功能

电视柜

　　根据房间大小、居住情况、个人喜好来决定电视采用挂式或放置电视柜上，选择电视柜的尺寸时主要考虑电视机的具体尺寸。

角几

　　角几指比较小巧的桌几，可灵活移动。一般摆放于客厅角落或沙发边，如果只是用于放置台灯或电话，可以选择不带收纳功能的角几，而带收纳功能的角几可以轻松整理一些日常用品。

◆ 客厅中的收纳柜兼具装饰功能

15m² 以下的客厅家具陈设

15m² 的客厅在中小户型家居中比较常见。沙发是客厅的主角,也是客厅里面占据空间最多的家具,因为面积有限,空间小的客厅一般以实用性和流畅性为主,所以不需要选择整套的沙发,简单一张三人或者两人沙发,配合一张灵活的单人座即可。

此外,因为市面上的沙发都是有固定尺寸的,如果客厅对沙发的尺寸和功能有特殊需求,可以考虑定制,虽然价格更高,但是能够满足一些不规则户型和面积太小的客厅需求。

如果客厅的空间不算很大,那么就无须摆放太多的桌几,茶几和角几选择其一摆放即可,这样可以创造更多空间。也可以考虑具有收纳功能的桌几,一举两得。

◆ 沙发是客厅中的主体家具

◆ 2+1 的家具布置形式适用于小户型客厅

15~30m² 的客厅家具布置

15~30m² 的客厅在中等面积户型家居中比较常见,适合 2~4 人居住。虽然客厅面积不小,但沙发尺寸未必就一定要大,可以考虑 3+2、3+1 等沙发组合,既可满足家居需求,又不会占据太多空间。

相对于小面积的客厅,15~30m² 的空间可在家具线条上有更多的变化,田园、美式和中式风格家具的线条和轮廓最为合适。当沙发的数量增多时,桌几也可以相应适当增加,除了前方的茶几外,沙发之间的转角位置可以适当摆放角几。

◆ 中等面积户型的客厅家具布置相对更自由随性

◆ 3+2 的家具布置形式适用于中等户型客厅

30 平米以上的客厅家具布置

　　30 平米以上的客厅在别墅、复式和 300 平米以上的住宅中比较常见。在这么大的客厅里面，沙发可以成套摆放，这样能够凸显出空间的大气感。形式上可考虑 3+2+1 或者 3+3+1+1 的组合。大客厅内的茶几无须只限一种形式，除了大茶几外，角几的款式可圆可方、可大可小、可高可低，这让客厅看起来更加错落有致。

◆ 3+2+1 的家具布置形式适用于大户型客厅

◆ 别墅客厅适合摆设成套家具彰显气派

适合小户型客厅的一字形布置

一字形沙发布置用得十分普遍，只需将客厅里的沙发沿一面墙摆开呈一字状，前面放置茶几。这样的布局能节省空间，增加客厅活动范围，适合面积较小而成员多并重视活动空间的家庭。

中等户型客厅最常用的 L 形布置

L形沙发布置适合在长方形、小面积的客厅内摆设，这种方式能有效利用转角处的空间。先根据客厅实际长度选择双人、三人或多人座椅。再根据客厅实际宽度选择单人、双人沙发或单人扶手椅。

适合大面积客厅的 U 形布置

U 形格局摆放的沙发占用的空间比较大，所以使用的舒适度也相对较高，特别适合人口比较多的家庭。一般由双人或三人沙发、单人椅、茶几构成，也可以选用两把扶手椅，要注意座位和茶几之间的距离。

适合不在客厅观看电视的相对型布置

相对型的摆放方式其实不多见，它侧重主人和客人之间的交流，比较适合经常有聚会的家庭。可以选择三人沙发、双人沙发、单人扶手椅、躺椅、榻等，然后根据实际的需要随意搭配使用。

适合经常在客厅聚会交流的围合型布置

围合型布置是以一张大沙发为主体，再为其搭配多把扶手椅。主要根据客厅的实际空间面积来确定选择几把扶手椅，可以随自己的喜好随意摆放，只要整体上形成凝聚的感觉就可以。

卧室家具的陈设艺术

卧室家具的构成

　　卧室是所有房间中最为私密的地方，主要功能不仅是提供一个舒适的睡眠环境，还得兼具储物的功能。一般来讲，卧室的家具要以低、矮、平、直为主，尽管衣柜的高度有它特定的使用要求，但除了顶柜之外，悬挂、储纳衣物的柜体一般也要将高度控制在两米以下。卧室家具包括床、床尾凳、衣柜、床头柜、梳妆台、休闲椅、衣帽架等。

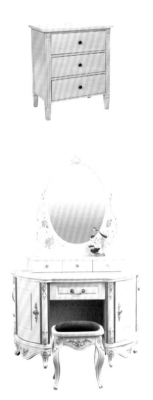

床

一般住宅中的卧室都是方形或长方形，其中有一面墙带有窗户，可以将床头靠在与窗垂直的两面墙中的任意一面。当然，具体还需要参考开门的方向、主卫的位置、衣柜的位置等，做到因地制宜。

◆ 卧室中通常以床为中心展开家具陈设

床头柜

床头柜应与床保持一致的高度或略高于床，距离在 10 厘米以内。如果床头柜放的东西不多，可以选择带单层抽屉的床头柜，不会占用多少空间。如果需要放很多东西，可以选择带有多个陈列格架的床头柜。

床尾凳

床尾凳最初源自于西方，是贵族起床后用来坐着换鞋的。随着流传，床尾凳除了可以防止被子滑落、放一些衣服之外，还有一个重要作用，如果有朋友来，房间里没有桌椅，坐在床上又觉得不合适，就可以坐在床尾凳上聊天。

◆ 简易式床头柜

◆ 床尾凳适合大面积的卧室空间

衣柜

衣柜是卧室中占据较大空间的一种家具。衣柜的正确摆放可以让卧室空间分配更加合理。布置时应先明确好卧室内其他位置固定的家具，根据这些家具的摆放选择衣柜的位置。

休闲椅

如果卧室的空间够大，不妨放置一把休闲椅，这样使得居家生活更加舒适。当然放在卧室里面的休闲椅，最好根据整体装饰风格进行选择，这样才会使得卧室协调统一，温馨舒适。

◆ 组合式梳妆台

衣帽架

衣帽架要与卧室整体相协调，最好是与衣柜相搭配，以免显得突兀。衣帽架的材质主要有木质和金属两种，木质衣帽架平衡支撑力较好，较为常用，风格古朴，适合中式、新古典等家居风格。

梳妆台

梳妆台分为独立式和组合式两种。独立式即将梳妆台单独设立，这样做比较灵活随意，装饰效果往往更为突出；组合式是将梳妆台与其他家具组合设置，这种方式适宜于空间不大的小户型。

◆ 独立式梳妆台

板式床		可以拆卸，款式众多，造型简洁，适用于现代风格或简约风格卧室
实木床		纹理自然，材料天然环保，使用寿命长，适用于中式风格、欧式风格等卧室
四柱床		源于古典贵族，体量大，造型厚重典雅，适用于古典风格卧室
铁艺床		色彩单调，线条优美，充满艺术气息，适用于乡村风格、欧式风格等卧室
圆床		打破传统床的形状，外观时尚个性，适用于现代时尚风格卧室
藤艺床		外观古朴自然，材料天然环保，适用于田园风格、东南亚风格等卧室
地台床		两面或三面靠墙，床底可储物，适用于简约风格的小户型卧室

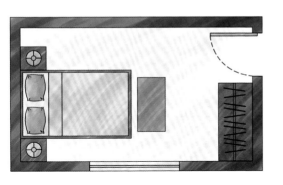

狭长形的卧室衣柜陈设

可以考虑将衣柜靠短的那两面墙体中的任何一面摆放，以充分利用长度方向的空间。此外，衣柜摆放在靠近床尾的那边短墙上，可以把睡床与衣柜整体搭配起来，更有效地化解了长度方向的不足。

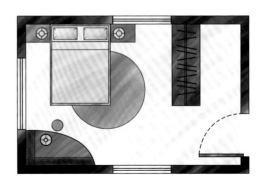

窗户较多的大卧室衣柜陈设

面积比较大的卧室内，如果四周都有窗户，可以在床的一侧制作顶天立地的衣柜当作隔断。衣柜可以采取双面开门的设计，方便物品取用。注意柜体的颜色不要与其他装饰形成太大反差，否则会失去整个空间的色彩平衡感。

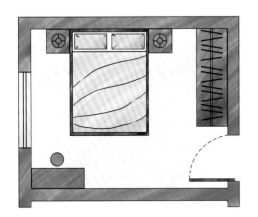

正方形的卧室衣柜陈设

将衣柜的位置设计在床的一侧是最常见的形式，床和衣柜的中间留出走道的位置，既方便了上床下床，同时也为衣柜的开启提供了方便。

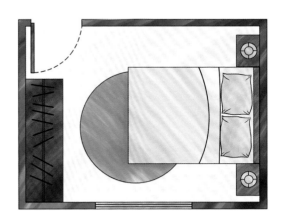

左右两边宽度不够的卧室衣柜陈设

这样常规的位置就放不下衣柜了，建议考虑把衣柜放在床对面的位置，但要特别注意门拉开来以后的美观度，可以考虑做些抽屉和开放式层架，避免把堆放的衣物露在外面。

　　一般儿童房家具有儿童床、儿童床头柜、儿童衣柜、转角书桌、转椅、儿童凳等，有些还会在儿童房中加入一些娱乐设施，增添活力。建议在 7 岁以下的儿童房间，家具应尽量靠墙摆放，给孩子留出更多的活动空间，这才是最符合他们年龄的实际生活需求。

　　儿童床要柔软舒适，尽量选择一些没有或少有尖锐棱角的，以防儿童磕伤碰伤。儿童床可选择比较新奇好玩的卡通造型，能引起儿童的兴趣，喜欢睡觉。一些松木材质的高低床同时具备睡眠、玩耍、储藏的功能，适合孩子各阶段成长的需要，是一个不错的选择。

　　此外，如果儿童房空间比较大，可以布置一些造型可爱、颜色鲜艳、材质环保的小桌子、小凳子放在儿童房中。儿童平时在房间中画画、拼图、捏橡皮泥，或者邀请其他小朋友来玩时，就可以用到它们了。

◆ 功能实用的高低床

◆ 布置小型娱乐区

◆ 把床与衣柜靠墙摆设

▷ 餐厅家具的陈设艺术

| 餐厅家具的构成

　　餐厅可以是单独的房间，也可从客厅中以轻质隔断或家具分割成相对独立的用餐空间，在布置上完全取决于各个家庭不同的生活与用餐习惯。餐厅家具主要是桌椅和酒柜等，一些家庭中也常常设有酒吧台，以满足高品质生活需求。

餐桌

　　餐桌的形状以方桌和圆桌为主，在考虑餐桌的尺寸时，还要考虑到餐桌离墙的距离，一般控制在80cm左右比较好，这个距离是包括把椅子拉出来，以及能使就餐的人方便活动的最小距离。

餐椅

　　餐椅的造型及色彩要尽量与餐桌相协调，并与整个餐厅格调一致。餐椅一般不设扶手，这样在用餐时会有随便自在的感觉。但也有在较正式的场合或显示主座时使用带扶手的餐椅，以展现庄重的气氛。

◆ 餐桌与餐椅在材质、色彩上应形成呼应

餐边柜

　　餐边柜按照形式可分为隔断式、低柜式等，餐边柜的开放和封闭，都要根据空间来协调，开放的餐边柜可以用来展示漂亮的餐厅用品，封闭的餐边柜可将餐厅用品放在里面，可以避免灰尘的侵扰。

◆ 餐边柜在收纳餐具的同时具有很好的装饰作用

卡座

卡座是将传统沙发和餐椅功能综合延伸而成的一种坐具，合理的餐厅卡座不仅能有效解决迷你餐厅、狭长餐厅等户型问题，还能大大增加收纳空间。

◆ 利用卡座增加餐厅的收纳功能

吧凳

吧凳面与吧台面应保持 25cm 左右的落差，吧凳与吧台下端落脚处，应设有支撑脚部的东西，如钢管、不锈钢管或台阶等。另外，较高的吧凳宜选择带有靠背的形式，能带来更舒适的享受。

◆ 吧凳是决定吧台区域舒适感的重要因素

酒柜

酒柜实际上具备备餐、储存、展示、装饰、隔断等多种功能，可以视具体情况布置。通常较小的空间，可以选择既能节省空间又保证了使用功能的角式酒柜。

吧台

多数的吧台都会用到人造石或者石英石台面，其实除了用石材做台面之外，吧台也可以木工现场制作，表面涂刷混水油漆。这种做法的优势就是颜色可以根据需要选择，并且也可以与家中其他家具的色彩保持一致。

餐厅家具的摆放在设计之初就要考虑到位。餐桌的大小和餐椅的尺寸、数量等也要事先确定好。餐桌与餐厅的空间比例一定要适中，要注意留出人员走动的动线空间，距离根据具体情况而定，一般控制在70cm 左右。

大户型居室一般单独用一个空间做餐厅，在家具布置上要照顾到多人用餐的需要。长方形桌可以容纳多人就餐，如果家里举行自助餐会，还能临时充当自助餐台；橄榄形餐桌适合非正式的聚会，如果房间够宽敞并且是长方形，更可以体现出曲线之美；如果用直径 90cm 以上的圆形餐桌，虽可坐多人，但不宜摆放过多的固定椅子。

小户型居室的餐厅一般与客厅连成一体，在餐厅空间不是很宽敞的情况下，可以采用卡座形式和活动餐桌、椅的结合。卡座不需要挪动，能节省较多的空间，并且具有储物功能。一般来说，卡座的宽度要在45cm 以上。

◆ 圆形餐桌

◆ 小户型餐厅利用卡座节省空间

◆ 长方形餐桌

▷ 书房家具的陈设艺术

书房家具的构成

　　书房作为阅读、书写及业余学习、研究工作的场所，是为个人而设的私密空间，最能表现出居住者的习性、爱好、品位和专长。书房的家具除书柜、书桌、椅子外，兼会客用的书房还可配沙发与茶几。

书桌

　　书桌的选择建议结合书房的格局来考虑。如果书房面积较小，可以考虑定制书桌，不仅自带强大的收纳功能，还可以最大程度地节省和利用空间；如果户型较大，独立的整张书桌则在使用上更为便利，整体感觉更大气。

◆ 书桌与书柜的色调融为一体

书椅

　　书椅直接关系到使用者长期的舒适度。注意有一些偏古典设计的精致坐椅非常漂亮，但倾仰的角度无法调节，长时间坐在上面容易疲劳。此外，椅子与书桌的距离要科学，以保证使用者姿势舒适。

书柜

　　书柜在软装设计中已经不仅仅是放置书籍、杂志的地方，同时它还起到装饰的作用。配上精美和古典的书籍后它往往能显示居住者儒雅的气质。选购一个高端、大气、上档次的书柜显得尤为重要。

沙发

　　有的面积比较大的书房有会客区，就可以摆放休息椅或沙发。但书房是一个比较私人的空间，一般不会接待太多人，放置一张双人沙发或是两张相同款式的单人沙发即可。

◆ 书柜摆放方式最为灵活，可以和书桌平行布置，也可以垂直摆放，但应遵循一个原则：靠近书桌，以便存取书籍、资料。

2 书房家具的陈设重点

书房家具在摆设上可以因地制宜，灵活多变。书桌的摆放位置与窗户位置很有关系，一要考虑灯光的角度，二要考虑避免电脑屏幕的眩光。面积比较大的书房中通常会把书桌居中放置，大方得体。在一些小户型的书房中，将书桌设计在靠墙的位置是比较节省空间的，而且实用性也更强。还有很多小书房是利用角落空间设计的，这样就很难买到尺寸合适的书桌和书柜，定做是一个不错的选择。

书柜一般沿墙的侧面平置于地面，或根据格局特点起到隔断空间的作用。如果摆放木质书柜，尽量避免紧贴墙面或阳光直射，以免出现褪色或干裂的现象，减短使用寿命。

◆ 利用角落空间设计的书房宜选择定制书桌的形式

◆ 大户型的书房把书桌居中摆放显得大方得体

▷ 玄关家具的陈设艺术

| 玄关家具的构成

　　玄关的面积相对较小，此处的家具不宜过多，更应充分利用空间，在有限的空间里有效而整齐地容纳足够的家具。常见的玄关家具有鞋柜、换鞋凳、玄关几、整体衣柜等。

鞋柜

一般来说，玄关最主要的家具就是鞋柜，一般要根据玄关的面积确定鞋柜的大小，保留足够的空间供成员出入通行。

换鞋凳

换鞋凳给人提供一个换鞋平台，可以更加从容优雅地坐着换鞋。它的长度和宽度相对来说没有太多的限制，可以随意一些。选择较短的凳子是因为玄关空间有限，太长会给人以狭窄之感；选择较长的凳子是希望更好地利用凳子内部的收纳鞋子空间。

玄关桌

玄关桌的装饰性往往大过实用性，如果玄关面积够大，又强调装饰效果，可以选用大一点的玄关桌，让玄关空间显得更加雅致，同时还能拥有一种贵族般的富丽之感。

衣帽柜

衣帽柜可以充分利用进门处墙面的狭小空间，最大限度满足了收纳衣物的功能，又减轻了卧室的压力。对于无法单独开辟衣帽间的家庭来说，根据房型，如果条件允许，玄关处布置一个衣帽柜是个不错的选择。

◆ 居中的玄关桌上摆设花艺是玄关空间常用的软装搭配手法

◆ 换鞋凳的尺寸宜根据玄关面积进行选择

入户进门的大落地鞋柜可以储存海量物件。但一般不建议做成顶天立地的款式，做个上下断层的造型会比较实用，分别将单鞋、长靴、包包和零星小物件等分门别类，同时可以有放置工艺品的隔层，这样的布置也会让玄关区变得生动起来。

玄关鞋柜通常都会放在大门入口的两侧，至于具体是左边还是右边，可以根据大门的推动方向，也就是大门开启的方向来定。一般鞋柜应放在大门打开后空白的那面空间，而不应藏在打开的门后。

小玄关的空间一般都是呈窄条形的，常常给人狭小阴暗的印象。这类玄关最好只在单侧摆放一些低矮的鞋柜。

如果有需要，就安装一个单柜来收纳衣服，切忌柜子太多，因为这样会使本来就狭窄的空间更加拘谨。

宽敞一点的玄关可以摆放更多的家具，可以参考小玄关的布置方法，再摆放一个中等高度的储物柜或者五斗橱，以便于收纳更多的衣服或鞋子。

如果玄关的空间够大，可以多摆设一些衣柜，有柜门的储物空间看起来整齐大气，而且材质好的木柜门还能体现出主人的品位。如果业主觉得只摆一组衣柜太过单调，可以适当放置矮凳、玄关柜等家具，这样不但能使换衣空间更加舒适，还能增加装饰性。

◆ 宽敞一点的玄关可摆设中等高度的储物柜

◆ 面积较大的玄关空间可以设计多种形式相结合的储物柜

◆ 玄关设计上下断层的鞋柜更加实用

◆ 面积较小的玄关设计入墙式鞋柜是最合适不过的选择

06

第六章

软装花艺

的搭配美学

▷ 软装花艺搭配的基础知识

| 软装花艺的装饰功能

　　将花艺的色彩、造型、摆设方式与家居空间及业主的气质品位相融合，可以使空间或优雅、或简约、或混搭，风格变化多样，极具个性，激发人们对美好生活的追求。

　　在快节奏的城市生活环境中，人们很难享受到大自然带来的宁静、清爽，而花艺的使用，能够让人们在室内空间环境中贴近自然，放松身心，享受宁静，舒缓心理压力和紧张的工作所带来的疲惫感。

　　在装饰过程中，利用花艺的摆设来划室内空间，具有很大的灵活性和可控性，可提高空间利用率。花艺的分隔性特点还能体现出平淡、含蓄、单纯、空灵之美，花艺的线条、造型可增强空间的立体几何感。

鲜花类是自然界有生命的植物材料，包括鲜花、切叶、新鲜水果。鲜花色彩亮丽，且植物本身的光合作用能够净化空气，花香味同样能给人愉快的感受，充满大自然最本质的气息，但是鲜花类保存时间短，而且成本较高。

干花类是利用新鲜的植物，经过加工制作，做成的可长期存放、有独特风格的花艺装饰，干花一般保留了新鲜植物的香气，同时保持了植物原有的色泽和形态。与鲜花相比，能长期保存，但是缺少生命力，色泽感较差。

◆ 仿真花兼具打理方便和装饰性强的优点

仿真花是使用布料、塑料、网纱等材料，模仿鲜花制作的人造花。仿真花能再现鲜花的美，价格实惠并且保存持久，但是并没有鲜花类与干花类的大自然香气。

不管什么类型的花艺，在做造型设计时，花器是必不可少的。花器的材质种类很多，常见的有陶瓷、金属、玻璃、木质等材质做成。在布置花艺时，要根据不同的场合、不同的设计目的和用途来选择合适的花器。

树脂材质花器

树脂花器是属于经济型的花器。价格适当，非常轻便，而且色彩丰富，不易摔坏。在选择这样的花器时就要注意色彩和家居风格的搭配。

陶瓷材质花器

陶瓷花器是花艺装饰中最普遍的花器。各种插法都能显出其特色，而且拥有比较独特的民族风情和文化艺术，能够给人们带来一种艺术的享受。

玻璃材质花器

玻璃花器拥有迷人的魅力，那是因为在其透明的材质下，能够闪现出光泽的绚丽。选择玻璃花器，能够把花映衬在玻璃上，让玻璃器皿上有一种水画的感觉，更能衬托出花的美丽。

金属材质花器

由铜、铁、银、锡等金属材质制成。给人以庄重、豪华的感觉，在东西方的插花艺术中，金属花器是必不可少的，因为它能反映出不同历史时代的艺术发展。

自然材料花器

用藤、竹、草等自然材料制成的花器，具有朴实无华的乡土气息，而且易于加工。这样的花器和花艺的搭配一定要适合与自然相协调的风格，那样才能体现出原野的风情。

▷ 软装花器的搭配要点

1 根据摆设环境搭配花器

选择花器第一步要考虑它摆设的环境。花器摆放需要与家居环境相吻合，才能营造出生机勃勃的氛围。

客厅是亲朋好友聚会的地方，可以选择一些款式大方的花器，给客厅带来热烈的气息。例如玻璃花器大方简洁，很适合放置于客厅内的沙发、壁炉旁，立柜上以及装饰柜中。书房是阅读的地方，应选择款式典雅的花器，材质不要过于抢眼，分散注意力。卧室是休息睡眠的地方，应选择让人感觉质地温馨的花器，比如陶质花器就比较合适。

在花器的选择上，如果家里的装饰已经比较纷繁多样，可以选择造型、图案比较简单，也不反光的花器，比如原木色陶土盆、黑色或白色陶瓷盆等，而且也更能突出花艺，让花艺成为主角。如果想要装饰性比较强的花器，则要充分考虑整体的风格、色彩搭配等问题。

◆ 客厅茶几是摆设花艺的合适位置

2 根据花艺造型搭配花器

挑选花器也要根据花艺搭配的原则。可根据花枝的长短、花朵的大小、花的颜色几方面来考虑。一般来说，花枝较短的花适合与矮小的花器搭配，花枝较长的花适合与细长或高大的花器搭配。花朵较小的花适合与瓶口较小的花器搭配，瓶口较大的花器应选择花朵较大的花或一簇花朵集中的花束。

玻璃花器适合与各种颜色的花搭配，陶瓷花器不适合与颜色较浅的花搭配，金属花器不适合搭配颜色过浅的花，实木花器适合与各种颜色的花搭配。

◆ 瓶口较小的花器适合搭配花朵较小的花

◆ 瓶口较大的花器适合搭配花朵较大的花

◆ 矮小的花器适合搭配花枝较短的花

◆ 高大的花瓶适合搭配花枝较长的花

室内软装全案设计 · **145**

▷ 软装花艺的搭配要点

1 不同风格的花艺搭配

花艺一般可以分为东方风格与西方风格，东方风格花艺以中国、日本为例，在风格上崇尚自然、朴实秀雅、寓意深刻。西方风格花艺以欧美为例，注重色彩，突出表现人工艺术美与图案美。两者的形式之所以有着明显的区别和特色，这是各民族所具有的特性决定的。

选择何种花艺，需要根据空间设计的风格进行把握，如果选择不当，则会显得格格不入。

◆ 卫浴间选择玻璃花瓶可以避免受潮

◆ 东方花艺

◆ 西方花艺

2 不同空间的花艺搭配

花艺作为软装配饰的一种，不但可以丰富装饰效果，同时作为空间情调的调节剂也是一种不错的选择。有的花艺代表高贵，有的花艺代表热情，利用好不同的花艺就能创造出不同的空间情调。例如在玄关处选择悬挂式的花艺作品挂在墙面上，就能让人眼前一亮，但应当尽量选择简洁淡雅的插花作品；在卫浴间摆放花艺，能够给人舒适的感受，但因为此处接触水比较多，所以可以选择玻璃瓶等容器。

◆ 玄关处适宜布置悬挂式花艺

3 不同感官需求的花艺搭配

花艺选择还需要充分考虑人的感官和需要，例如餐桌上的花卉不宜使用气味过分浓烈的鲜花或干花，气味很可能会影响用餐者的食欲。而卧室、书房等场所，适合选择淡雅的花材，能使居住者感觉心情舒畅，也有助于放松精神，缓解疲劳。

◆ 餐桌上避免摆放气味过分浓烈的花艺

4 不同采光方式的花艺搭配

不同采光方式会带给人不同的心理感受，要想使花艺更好地表达它自身的意境和内涵，就要使之恰到好处地与光影融合为一体，以产生相得益彰的效果。

一般来讲，从上方直射下来的光线会使花艺显得比较呆板；侧光会使花艺显得紧凑浓密，并且会由于光照的角度不同而形成明暗不同的对比度；如果光线是完全从花艺的下方照射的话，会使花艺呈现出一种飘浮感和神秘感；在聚光灯照射下，花艺也会产生更加生动独特的魅力。尤其是在较大空间里摆放大型花艺时，应用聚光灯，会使效果更突出、更耀眼。

◆ 大型花艺可以通过灯光映射增加装饰效果

值得一提的便是烛光的运用。由于烛光是黄色的，会改变鲜花的色彩，削弱其色彩的浓度与新鲜程度，因而在烛光下，最好是选用纯白色、乳白色或宽黄色的花艺，因为这些色彩可以在幽暗之中光彩依旧。也可弥补视觉上的缺憾。

▷ 家居空间的花艺搭配

1 玄关花艺搭配要点

玄关是居室的入口处，花艺与绿植装饰要展现出主人的品位。花艺建议选用鲜艳、华丽的花材，也可选择人造花或干花，在短时间内给人留下深刻印象。

如果在玄关中央的桌子上摆放绿植，应选择中型或中大型的盆栽，不宜太高也不宜太矮，选择形态优美、带花朵的最好；如果把绿植摆在玄关镜子前，可以选择小型或中小型的盆栽，较高的盆栽枝叶、花朵不能太繁茂，以免覆盖镜子。如果在大门两侧对称摆设绿植，最好选用中型或是大型的盆栽，具有较强渲染力，色彩根据整体配色进行选择。

◆ 红色或黄色的花艺可以给人以热情好客的印象

2 过道与楼梯花艺搭配要点

过道一般都比较窄小，且人来人往，所以摆放绿植时宜选用小型盆花，如袖珍椰子、蕨类植物、花叶芋等。也可根据墙面的颜色选择不同的绿植。假如墙面为白、黄等浅色，应选择带颜色的绿植；如果墙面为深色，可以选择颜色淡的绿植。

若楼梯较宽，每隔一段阶梯上可以放置一些小型观叶植物或四季小品花卉，扶手位置可摆放绿萝或蕨类植物；如果平台较宽阔，可放置橡皮树、发财树等。

◆ 利用楼梯旁的阶梯状隔断布置绿植

◆ 过道宜摆设小型盆花

3 客厅花艺搭配要点

　　客厅花艺搭配要与整体风格协调，除了一些较大的花卉外，还可选用艳丽的花种如红掌、扶郎花等。客厅壁炉上方是花器摆放的绝佳地点，成组的摆放应注意高低的起伏，错落有致。但不要在所有花器中都插上鲜花，零星的点缀效果更佳。此外，在茶几上摆放一簇花艺，可以给空间带来勃勃生机，但在布置时要遵循构图原则，切忌随意散乱放置。

　　客厅中的小型植物可放在台面上，大型植物放在地面上，盆栽植物悬吊。此外，植物的色调质感也应和客厅色调搭配为佳。如果环境色彩浓重，则植物色调应浅淡些，如万年青，叶面绿白相间，非常柔和。如果环境色彩淡雅，植物的选择性相对就要广泛一些，叶色深绿、叶形宽大的植物和小巧玲珑、色调柔和的都可兼用。

◆ 客厅花艺的色调要与整体软装相协调

◆ 客厅壁炉的台面上摆设花艺与其他摆件组合搭配

◆ 客厅边柜的台面上适宜摆放一些小型植物

4　卧室花艺搭配要点

　　卧室适宜摆放略显宁静的小型盆花，如文竹等绿叶植物类，也可摆放君子兰、金橘、桂花、满天星、茉莉等。床头柜上可摆放小型插花；高几上、衣柜顶部可摆放下垂型的插花；向阳的窗台上可摆放干花或人造花制作的插花。

　　老人的卧室应突出简洁、清新、淡雅的特点，要本着方便行动、保护视觉的目标选择观赏价值高的插花进行装饰。

　　儿童的卧室应突出色彩鲜艳、趣味性强的特点，宜选用色彩艳丽、儿童喜爱的花材插花，但由于少年儿童好动，要注意花艺装饰的安全性，尽量少用或不用壁挂插花，不用有刺的花材。

　　婚房的卧室插花应突出温馨、和谐的特点，以红玫瑰、蝴蝶兰、卡特兰、茉莉花、百合花、满天星等带香味的花材为主。红暖基调的新房宜采用白色、金色或绿色的花材；淡雅基调的新房宜采用暖色调的花材。

◆ 床头柜上摆设一盆花艺增加空间的自然气息

◆ 利用卧室角落布置一些小型绿植带来清新气息

◆ 利用卧室角落布置一些小型绿植带来清新气息

餐厅的花艺体积不能太大，要选择色泽柔和、气味淡雅的品种，同时一定要有清洁感，不影响就餐人的食欲。常用的有玫瑰、兰花、郁金香、茉莉等。

餐厅花艺一般装饰在餐桌的中央位置，不要超过桌子 1/3 的面积，高度在 25~30cm。如果空间很高，可采用细高型花器。一般水平型花艺适合长条形餐桌，圆球型花艺用于圆桌。

餐厅摆放植物以立体装饰为主，原则上是所选植物株型要小。如在多层的花架上陈列几个小巧玲珑、碧绿青翠的室内观叶植物，如观赏凤梨、豆瓣绿、龟背竹、百合草、孔雀竹芋、文竹、冷水花等，也可在墙角摆设如黄金葛、马拉巴栗、荷兰铁等观叶植物。

◆ 圆形餐桌上适宜摆设圆球形花艺

书房需要营造幽雅清静的环境气氛，宜陈设花枝清疏、小巧玲珑又不占空间的小型花艺。摆在书桌上的花艺宜用野趣式或微型花艺、花艺小品等，书架上面可摆设下垂型花艺，还可利用壁挂式花艺装饰空间。

如果书房有足够大的空间，可摆放一个专用博古架，将书籍、饰品和盆栽植物、山水盆景等陈列于上，营造出一个雅致和艺术的读书环境。在优雅宁静的氛围中，选择植物不宜过多，以观叶植物或颜色淡雅的盆景花卉为宜。当然，也可摆放一瓶插花，但颜色也不宜过于鲜艳，以简洁的东方式艺术插花为宜。若空间允许，条案上摆放一盆树桩盆景，可增加文化底蕴。

◆ 清新雅致的花艺为书房增添勃勃生机

新装修过的书房一般都会残存装修污染，像甲醛、二甲苯等挥发性有毒气体。可首选一些具有抗击污染、吸附毒气、净化空气功能的植物。如：虎尾兰、仙人掌、常春藤、南天竹、兰草、鹅掌柴、龟背竹等。

◆ 厨房操作台上的花艺与整体色调相和谐

7 厨房花艺搭配要点

　　厨房中的花器尽量选择表面容易清洁的材质，花艺尽量以清新的浅色为主，设计时可选用水果蔬菜等食材搭配，这样既能与窗外景色保持一致，又保留了原本花材质感的淳朴。

　　厨房里可以在台面、窗台、搁板等位置摆放一些绿植，最好以小型的盆栽为主，如吊兰、绿萝、仙人球、芦荟等，也可以充分利用墙面空间悬挂在挂钩上，给厨房带去一抹清新，值得注意的是，厨房不宜选用花粉太多的花，以免开花时花粉散入到食物中。

　　厨房摆放的绿植要远离灶台、抽油烟机等位置，以免温度过高，影响植物的生长，同时还要注意及时通风，给绿植一个空气质量良好的空间。

◆ 厨房的吧台厨房选择仿真花艺同样是一个不错的选择

8 卫浴间花艺搭配要点

如果卫浴间的面积足够大，就一定不能缺少大型绿植的点缀。由于体积较大，应摆放在不妨碍人活动的角落，如墙角落，洗手台边最适宜，更容易引起视线的注意，能够轻易烘托出卫浴间的气氛。卫浴间多用白色瓷砖铺装墙面，同时空间狭小，装饰不求量多，所以宜选择适应性强的花材做成体态玲珑的花艺造型装饰窗台、墙面、台面等位置。

由于卫浴间墙面空间比较大，可以在墙上插一些壁挂式花艺，以点缀美化空间。通常清新的白绿色、蓝绿色是卫浴间花艺的很好选择。

◆ 利用盥洗台旁的壁龛摆设花艺

◆ 洗脸盆旁的台面上适宜摆设小型花艺

07

第七章

软装灯饰搭配
与室内照明方案

软装灯饰搭配的六大准则

考虑灯饰的风格统一

在一个比较大的空间里，如果需要搭配多种灯饰，就应考虑风格统一的问题。例如客厅很大，需要将灯饰在风格上做一个统一，避免各类灯饰之间在造型上互相冲突，即使想要做一些对比和变化，也要通过色彩或材质中的某一个因素将两种灯饰和谐起来。

明确灯饰的装饰作用

在给灯饰选型的时候，首先要先确定这个灯饰在空间里扮演什么样的角色，比如空间的天花很高，就会显得十分空荡，这时从上空垂下一个吊灯会给空间带来平衡感，接着就要考虑这个吊灯是什么风格，需要多大的规格，灯光是暖光还是白光等问题，这些都会左右一个空间的整体氛围。

各类灯饰在一个空间里要互相配合，有些提供主要照明，有些是气氛灯，而有些是装饰灯。另外在房间的功能上，以客厅为例，假如人坐在沙发上想看书，是否有台灯可以提供照明，客厅中的饰品是否被照亮以便被人欣赏到，这些都是判断一个空间的灯饰是否已经足够的因素。

不同功能的相应亮度

从整体上而言，客厅要接待客人、书房要阅读、餐厅要就餐，这些都应该提供比较光线明亮的灯具，光源选择也较为自由；卧室的主要功能是休息，亮度则以柔和为主，最好使用黄色光线；厨房和卫浴间对照明的要求不高，不需要太多的灯具，前者以聚光、偏暖光为佳，后者在亮度相当时选择白炽灯会比节能灯更好。

◆ 卧室顶灯与床头小吊灯通过材质的联系和谐呼应

◆ 沙发背后的台灯可以提供读书时的照明

兼顾照射面材质的反射

在室内灯光的运用上，也要考虑到墙、地、顶面表面材质和软装配饰表面材质对于光线的反射，这里应当同时包括镜面反射与漫反射，浅色地砖、玻璃隔断门、玻璃台面和其他亮光平面可以近似认为是镜面反射材质，而墙纸、乳胶漆墙面、沙发皮质或布艺表面、以及其他绝大多数室内材质表面，都可以近似认为是漫反射材质。

◆ 漫反射材质

◆ 镜面反射材质

考虑纯装饰灯饰的亮度

软装设计里的灯饰一般都是以装饰为主的，市场上也开始出现了更多形式多样的灯饰造型，每个灯饰或具有雕塑感，或色彩缤纷，在选择的时候要根据气氛要求来决定。但当一个空间仅以装饰灯饰来照明，在夜间时，空间会给人感觉总是不够明亮，需要加入更多的灯饰，所以在打算使用纯装饰灯饰的时候要谨慎考虑。

灯饰的垂挂高度

灯饰的选择除了其造型和色彩等要素外，还需要结合所挂位置空间的高度、大小等综合考虑。一般来说，较高的空间，灯饰垂挂吊具也应较长。这样的处理方式可以让灯饰占据空间纵向高度上的重要位置，从而使垂直维度上更有层次感。

◆ 较高空间的灯饰垂挂吊具也需相应加长

◆ 纯装饰灯饰

◆ 纯装饰灯饰

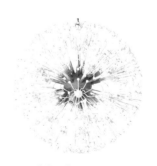

◆ 纯装饰灯饰

2 软装灯饰的照明方式

基础照明

一般式照明是为了达到最基础的功能性照明，不考虑局部的特殊需要，起到让整个家居照明亮度分布达到比较均匀的效果，使整体空间环境的光线具有一体性。一般式照明所采用的光源功率较大，而且有较高的照明效率。

例如客厅或卧室中的顶灯，达到的就是一般照明的效果。它可以使整个空间在夜晚保持明亮，满足基础性的灯光要求。

◆ 基础照明

定向照明

定向式照明是为强调特定的目标和空间而采用高亮度的一种照明方式，可以按需要突出某一主题或局部，对光源的色彩、强弱以及照射面的大小进行合理调配。在室内灯光布置中，采用定向照明通常是为了让被照射区域取得集中而明亮的照明效果，所需灯具数量应根据被照射区域的面积来定。

最常见的定向照明就是从餐厅的餐桌上方照明，一组吊灯的设计让视觉焦点集中在更加秀色可餐的食物上，同时营造出温暖舒适的就餐氛围。

◆ 定向照明

局部照明是为了满足室内某些部位的特殊需要，设置一盏或多盏照明灯具，使之为该区域提供较为集中的光线。局部式照明在小范围内以较小的光源功率获得较高的照度，同时也易于调整和改变光的方向。这类照明方式适合于一些照明要求较高的区域，例如在床头安设床头灯，或在书桌上添加一盏照度较高的台灯，满足工作阅读需要。

混合照明由基础照明和局部照明组成的照明方式。从某个角度上来说，这种照明方式其实是在基础照明的基础上，视不同需要，加上局部式照明和装饰照明，使整个室内空间有一定的亮度，又能满足工作面上的照度标准需要，这是目前室内空间中应用得最为普遍的一种照明方式。

◆ 局部照明

◆ 顶灯与壁灯结合的混合照明

在面积较大的空间中，局部照明区域通常不止一处，可以将多盏照明灯具分布在空间的多个局部，并起到装点空间的作用，但要注意在长时间持续工作的台面上仅有局部照明容易引起视觉疲劳。

混合照明在大户型室内空间中经常会采用，这时就需要通过合理布局，让灯光层次富有条理，避免不必要的光源浪费。

软装灯饰的造型与材质

| 软装灯饰的造型分类

吊灯——悬吊式灯饰

吊灯分单头吊灯和多头吊灯，前者多用于卧室、餐厅，后者宜用在客厅、酒店大堂等，也有些空间采用单头吊灯自由组合成吊灯组。不同吊灯在安装时离地面高度要求是各不相同的，一般情况下，单头吊灯在安装时要求离地面高度要保持在 2.2 米；多头吊灯离地面的高度要求一般至少要保持在 2.2 米以上，即比单头吊灯离地面的高度还要高一些，这样才能保证整个家居装饰的舒适与协调性。

◆ 单头吊灯

◆ 多头吊灯

有些欧式装修的房间顶面会做一些相对复杂的吊顶处理，与整体造型相呼应。想要垂挂大型的吊灯时，最好将其直接固定到楼板层。因为如果吊灯过重，而顶面只有木龙骨和石膏板吊顶，承重会有问题。

烛台吊灯		烛台吊灯的灵感来自欧洲古典的烛台照明方式，那时都是在悬挂的铁艺上放置数根蜡烛。如今很多吊灯设计成这种款式，只不过将蜡烛改成了灯泡，但灯泡和灯座还是蜡烛和烛台的样子。
水晶吊灯		水晶吊灯是吊灯中应用最广的，在风格上包括欧式水晶吊灯、现代水晶吊灯两种类型，因此在选择水晶吊灯时，除了对水晶材质的挑选之外，还得考虑其风格是否能与家居整体协调搭配。
中式吊灯		中式吊灯一般适用于中式风格的家居。这类吊灯给人一种沉稳舒适之感，能让人们从浮躁的情绪中回归到安宁。在选择上，也需要考虑灯饰的造型以及中式吊灯表面的图案花纹是否与家居装饰风格相协调。
时尚吊灯		时尚吊灯往往会受到众多年轻业主的欢迎，适用于简约风格或现代风格家居。具有现代感的吊灯款式众多，主要有玻璃材质、陶瓷材质、水晶材质、木质材质、布艺材质等类型。
吊扇灯		吊扇灯既有灯饰的装饰性，又有风扇的实用性，可以表达舒适休闲的氛围，经常会用于地中海、东南亚等风格的空间。使用的时候只要层高不受影响，还是比较舒适的，可以在换季的时候起到流通空气的效果。

吸顶灯——吸顶式灯饰

吸顶灯安装时完全紧贴在室内顶面上，适合用作整体照明。与吊灯不同的一点是，吸顶灯在使用空间上有区别，吊灯多用于较高的空间中，吸顶灯则用于较低的空间中。

吸顶灯常用的有方罩吸顶灯、圆球吸顶灯、尖扁圆吸顶灯、半圆球吸顶灯、半扁球吸顶灯、小长方罩吸顶灯等类型。光源有普通白灯泡、荧光灯、高强度气体放电灯、卤钨灯、LED 等。目前应用较广的是 LED 吸顶灯，是居家、办公室、文娱场所等空间经常选用的灯饰。

吸顶灯的灯罩有亚克力、塑料和玻璃等类型，选择时应采用不易损坏的材料，尤其是有小孩的家庭，乱扔的玩具有时会打到灯罩上，因此最好不选玻璃罩的吸顶灯。灯罩的材质要均匀，既要有较高的透光性，又不能显出发光的灯管。不均匀的材质会影响灯的亮度，并对视力有害。一些透光性差的灯罩虽然美观，却影响光线，不宜选择。

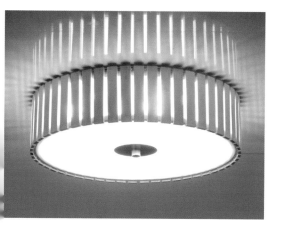

◆ 吸顶灯适用于层高较低的空间

壁灯——附墙式灯饰

附墙式灯饰是指安装在室内墙壁上的辅助照明灯饰，通常是指壁灯。常用的有双头玉兰壁灯、双头橄榄壁灯、双头鼓形壁灯、双头花边杯壁灯、玉柱壁灯、镜前壁灯等。选择壁灯主要看结构、造型，一般机械成型的较便宜，手工的较贵。铁艺锻打壁灯、全铜壁灯、羊皮壁灯等都属于中高档壁灯，其中铁艺锻打壁灯最受欢迎。

比较小的空间里，布置灯饰的原则最好以简洁为主，最好不用壁灯，否则运用不当会显得杂乱无章。如果家居空间足够大，壁灯就有了较强的发挥余地，无论是客厅、卧室、过道都可以在适当的位置安装壁灯，最好是和射灯、筒灯、吊灯等同时运用，相互补充。

◆ 壁灯通常用于大空间中作为局部照明

不同场所的壁灯安装高度是不一样的，卧室床头的壁灯距离地面的高度在140~170cm；书房灯距离书桌面的高度为144~185cm，一般距离地面224~265cm；过道的壁灯安装高度应略超过180cm左右高的视平线，即距离地面220~260cm。

◆ 欧式客厅安装壁灯更能体现出富丽堂皇的氛围

客厅壁灯

客厅如果挑高，空间又较为开阔，可以使用大型吊灯来装饰顶部，会令房间显得富丽堂皇。这种情况下可以根据设计在客厅墙面的适当位置安装壁灯。沙发墙上的壁灯，不仅有局部照明的效果，同时还能在会客时增加融洽的气氛。电视墙上的壁灯可以调节电视的光线，使画面变得柔和，起到保护视力的作用。

餐厅壁灯

餐厅如果足够宽敞，那么推荐选择吊灯作为主光源，再配合上壁灯作为辅助光是最理想的布光方式。餐厅灯饰在满足照明的前提下，更注重的是营造一种就餐的情调，烘托温馨、浪漫的居家氛围，因此，应当尽量选择暖色调、可调节亮度的灯源。

◆ 餐厅壁灯的主要功能是作为辅助照明烘托气氛

卧室壁灯

　　卧室里使用壁灯是最为常见的，很多卧室甚至都不考虑用顶灯，而是主要采用壁灯、床头灯、射灯、筒灯、隐藏灯带等不同的灯饰组合来调节室内的光线。壁灯的风格应该考虑和床品或者窗帘有一定呼应，才能达到比较好的装饰效果。需要注意的是，人的眼睛对亮度有一个适应的过程，因而卧室里的灯尤其需要注意光线由弱到强的调节过程。

◆ 卧室中的壁灯最好安装在床头柜的正上方

◆ 壁灯的灯光通过墙面的反射起到保护视力的作用

TIPS

　　卧室的壁灯最好不要安装在床头的正上方，这样既不利于营造气氛，也不利于安睡。安装的位置最好是在床头柜的正上方，并且建议采用单头的分体式壁灯。

卫浴间壁灯

　　壁灯可以在卫浴间的盥洗区充当镜前灯，如果盥洗区的面积较小，那么一盏可以转动自若的壁灯就能完全满足需求；如果是面积较大的盥洗区，就可以采用发光顶棚漫射照明或采用顶灯加壁灯的照明方式。由于盥洗区潮气较大，选择的壁灯都应当具备防潮功能，壁灯的风格可以考虑与水龙头或者浴室柜的拉手有一定的呼应。

◆ 卫浴间的壁灯一般用于镜前灯的功能

◆ 造型可爱的小吊灯也是镜前灯的形式之一

筒灯和射灯——点光源灯饰

　　筒灯和射灯都是营造特殊氛围的照明灯饰，主要的作用是突出主观审美，达到重点突出、层次丰富、气氛浓郁、缤纷多彩的艺术效果的一种聚光类灯饰。

　　筒灯是一种相对于普通明装的灯饰更具有聚光性的灯饰，一般是用于普通照明或辅助照明。筒灯内部使用的是节能灯，颜色有白光和黄光可供选择，漫射型光源，不聚光，温度低，属于辅助型灯饰，不可以调节光源角度，一般使用在过道、卧室周圈以及客厅周圈。

　　射灯是一种高度聚光的灯饰，它的光线照射是可指定特定目标的，主要是用于特殊的照明，比如强调某个很有味道或者是很有新意的地方。家居装饰中使用的射灯分内嵌式射灯和外露式射灯两种，一般用于客厅、卧室、电视背景墙、酒柜、鞋柜等，既可对整体照明起主导作用，又可以局部采光，烘托气氛。

◆ 床头上方的筒灯可以起到突出装饰画的作用

落地灯——落地式灯饰

落地灯一般摆放在客厅，和沙发、茶几配合，一方面满足该区域的照明需求，一方面形成特定的环境氛围。通常，落地灯不宜放在高大家具旁或妨碍活动的区域内。此外，落地灯在卧室、书房中偶尔也会涉及，但是相对比较少见。落地灯常用作局部照明，强调移动的便利，对于角落气氛的营造十分实用。落地灯的采光方式若是直接向下投射，适合阅读等需要精神集中的活动，若是间接照明，可以调整整体的光线变化。

落地灯一般由灯罩、支架、底座三部分组成。灯罩要求简洁大方、装饰性强，除了筒式罩子较为流行之外，华灯形、灯笼形也较多用；落地灯的支架多以金属、旋木或是利用自然形态的材料制成。

◆ 落地灯可以满足小区域内的照明需求

直照式落地灯

选择时要注意直照式落地灯的灯罩下沿最好比眼睛低，这样才不会因为灯泡的照射使眼睛感到不适。使用时，由于直照式灯光线集中，最好避免在阅读位置附近有镜子及玻璃制品，以免反光造成不适。

上照式落地灯

选择上照式落地灯时，要考虑吊顶的高度等因素。如果吊顶过低，光线就只能集中在局部区域，会使人感到光线过亮，不够柔和。同时，使用上照式落地灯，家中吊顶最好为白色或浅色，吊顶材料最好有一定的反光效果。

台灯——台上式灯饰

台灯是人们生活中用来照明的一种家用电器。它一般分为两种，一种是立柱式的，一种是有夹子的。工作原理主要是把灯光集中在一小块区域内，便于工作和学习。台灯根根据材质分类有金属台灯、树脂台灯、玻璃台灯、水晶台灯、实木台灯、陶瓷台灯等；根据使用功能分类有阅读台灯和装饰台灯。

阅读台灯的灯体外形简洁轻便，是指专门用来看书写字的台灯，这种台灯一般可以调整灯杆的高度、光照的方向和亮度，主要是照明阅读功能。

装饰台灯的外观豪华，材质与款式多样，灯体结构复杂，用于点缀空间效果，装饰功能与照明功能同等重要。

◆ 陶瓷台灯　　　　　◆ 玻璃台灯

◆ 水晶台灯　　　　　◆ 树脂台灯

◆ 金属台灯　　　　　◆ 实木台灯

◆ 兼具装饰功能与照明功能的台灯

在选择台灯时，应以整个家居的设计风格为主。比如简约风格的房间应倾向于现代材质的款式，如 PVC 材料加金属底座或沙质面料加水晶玻璃底座；而欧式风格的房间可选木质灯座搭配的彩玻璃的台灯，或者水晶的古典造型台灯。

水晶灯——高贵华丽之美

水晶灯给人绚丽高贵、梦幻的感觉。最开始的水晶灯是由金属支架、蜡烛、天然水晶或石英坠饰共同构成，后来由于天然水晶的成本太高，逐渐被人造水晶代替，随后又由白炽灯逐渐代替了蜡烛光源。

现在市场上销售的水晶灯大多都是由形状如烛光火焰的白炽灯作为光源的，为达到水晶折射的最佳七彩效果，一般最好采用不带颜色的透明白炽灯作为水晶灯的光源。

由于天然水晶往往含有横纹、絮状物等天然瑕疵，并且资源有限，所以市场上销售的水晶灯都是使用人造水晶或者工艺水晶制作而成的。

◆ 水晶灯在欧式风格客厅中最为常见

水晶灯的直径大小由所要安装的空间大小来决定，面积在 20~30m² 左右的房间中，不适宜安装直径大于 1m 的水晶灯。如果房间过小，安装大水晶灯会影响整体的协调性；层高过低的房间也不宜安装高度太高的水晶灯。安装在客厅时，下方要留有 2m 左右的空间，安装在餐厅时，下方要留出 1.8~1.9m 的空间，可以根据实际情况选择购买相应高度的灯饰。

铁艺灯——源自欧洲古典艺术

　　铁艺灯是一种复古风的照明灯饰，可以简单地理解为灯支架和灯罩等都是采用最为传统的铁艺制作而成的一类灯饰，具有照明功能和一定装饰功能。铁艺灯并不只是适合于欧式风格的装饰，在乡村田园风格中的应用也比较多。

　　铁艺灯的主体一般由铁和树脂两部分组成，铁制的骨架能使灯饰的稳定性更好，树脂能使灯的外型塑造更多样化，而且还能起到防腐蚀、绝缘的作用，铁艺灯的灯罩大部分都是手工描画的，色彩以暖色为主，这样就能散发出一种温馨温和的光线，更能烘托出欧式家装的典雅与浪漫。

◆ 中式风格客厅中的铁艺鸟笼灯

◆ 铁艺灯在乡村风格家居中应用较广

铜灯——欧美文化特色

铜灯是指以铜作为主要材料的灯饰，包含紫铜和黄铜两种材质，铜灯的流行主要是因为其具有质感、美观的特点，而且一盏优质的铜灯是具有收藏价值的。目前具有欧美文化特色的欧式铜灯是市场的主导派系。早期的欧式铜灯的设计是从模仿当时的欧式建筑开始的，将建筑上的装饰特点搬移到灯饰上，这样形成了欧式铜灯的雏形。欧式铜灯非常注重灯饰的线条设计和细节处理，比如点缀用的小图案、花纹等，都非常地讲究。

现在的铜灯中还有一种风格是常受追捧的——美式风格，化繁为简的制作工艺，使得美式灯饰看起来更加具有时代特征，能适合更多风格的装修环境。

◆ 美式风格客厅中的铜艺灯

羊皮灯——尽显古朴韵味

羊皮灯是指用羊皮材料制作的灯饰，较多地使用在中式风格中。它的制作灵感源自古代灯饰，那时草原上的人们利用羊皮皮薄、透光度好的特点，用它裹住油灯，以防风遮雨。

羊皮灯以格栅式的方形作为自己的特征，不仅有吊灯，还有落地灯、壁灯、台灯和宫灯等不同系列。

羊皮灯主要以圆形与方形为主。圆形的羊皮灯大多是装饰灯，在家里起画龙点睛的作用；方形的羊皮灯多以吸顶灯为主，外围配以各种栏栅及图形，古朴端庄，简洁大方。

◆ 羊皮灯通常应用于中式风格空间

市场上的羊皮灯一般都是仿羊皮，也就是羊皮纸。由于羊皮纸有进口和国产之分，因此，好一点品牌的羊皮灯大部分选用进口羊皮纸，质量比国产的要好，价格自然也就高一些。

▷ 家居空间的灯饰照明方案

| 客厅灯饰照明方案

　　客厅是家居空间中活动率最高的场所，灯光照明需要满足聊天、会客、阅读、看电视等功能。一般而言，客厅的照明配置会运用主照明和辅助照明的灯光相互搭配，来营造空间的氛围。

　　客厅灯具一般以吊灯或吸顶灯作为主灯，搭配其他多种辅助灯饰，如：壁灯、筒灯、射灯等，此外，还可采用落地灯与台灯做局部照明，也能兼顾到有看书习惯的业主，满足其阅读亮度的需求。

沙发墙照明

　　沙发墙的照明要考虑坐在沙发上的人的主观感受。太强烈的光线会让人觉得不舒服，容易对人造成眩光与阴影。建议摒弃炫目的射灯，安装装饰性的冷光源灯，如果确实需要射灯来营造气氛，则要注意避免直射到沙发上。

电视墙照明

　　在电视机后方可设置暗藏式的背光照明或利用射灯投射到电视机后方的光线，来减轻视觉的明暗对比，缓解眼睛对电视的过度集中产生的疲劳感。

饰品照明

　　挂画、盆景、艺术品等饰品可采用具有聚光效果的射灯进行重点照明，以加强空间明暗的光影效果，突出业主的个人品位和空间个性。

　　玄关一般都不会紧挨窗户，要想利用自然光来提高光感比较困难，而合理的灯光设计不仅可以提供照明，还可以烘托出温馨的氛围。玄关的照明一般比较简单，只要亮度足够，能够保证采光即可。

　　由于玄关是进入室内的第一印象处，也是整体家居的重要部分，因此灯具的选择一定要与整个家居的装饰风格相搭配，如果是现代简约的装修风格，那么在选择玄关灯具时，一定要以简约为主，一般选择灯光柔和的筒灯或者嵌入天花板之内的灯带进行装饰即可。

　　玄关的灯光颜色原则上使用色温较低的暖光，以突出家居环境的温暖和舒适感。对于面积较大的玄关而言，除了提供主灯之外，还应该提供辅助光源来提升装饰效果。辅助光源应以聚光灯为主，对玄关景点提供特定位置的照明。如果家里的玄关区域比较狭小，可以用灯光去制造视错觉，让人在视觉上把玄关与其他空间连接起来，造成其他空间也是玄关一部分的效果。

◆ 面积较大的玄关可以运用主灯与辅助照明结合的方式

餐厅的照明要求色调柔和、宁静，有足够的亮度，这样不但使家人能够清楚地看到食物，还能与周围的环境、家具、餐具等相匹配，构成一种视觉上的整体美感。选择灯饰时最好跟整体装饰风格保持一致，同时考虑餐厅面积、层高等因素。

空间层高与灯饰照明

层高较低的餐厅应尽量避免采用吊灯，否则会让层高看起来更低，甚至还有可能发生碰撞。这时筒灯或吸顶灯是主光源的最佳选择。层高过高的餐厅使用吊灯不仅能让空间显得更加华丽而有档次，也能缓解过高的层高带给人的不适感。

空间面积与灯饰照明

空间狭小的餐厅里，如果餐桌是靠墙摆放的话，可以选用壁灯与筒灯的光线进行巧妙配搭，能营造出精致的环境效果。空间宽敞的餐厅选择性会比较大，用吊灯作为主光源，壁灯作为辅助光是最理想的布光方式。

餐桌形状与灯饰照明

长方形的餐桌既可以搭配一盏长形的吊灯，也可以用同样的几盏吊灯一字排开，组合运用。前者更加大气，而后者更显温馨；如果吊灯形体较小，还可以将其悬挂的高度错落开来，给餐桌增加活泼的气氛。

TIPS

如果用餐区域位于客厅一角的话，选择灯饰时还要考虑到跟客厅主灯的关系，不能喧宾夺主。用餐人数较少时，落地灯也可以作为餐桌光源，但只适用于小型餐桌，同时选择落地灯款式时要注意跟餐桌的搭配。

◆ 富有创意的餐厅灯饰

◆ 层高较高的餐厅适合使用吊灯照明

◆ 长方形餐桌适合相同造型的吊灯

　　卧室是全家人休息的私密空间，除了提供易于睡眠的柔和光源之外，更重要的是要以灯光的布置来缓解白天紧张的生活压力。一般卧室的灯光照明可分为普通照明、局部照明和装饰照明三种。普通照明供起居室休息；而局部照明则包括供梳妆、阅读、更衣收藏等；装饰照明主要在于创造卧室的空间气氛。

　　在设计时要注意光线不要过强或发白，因为这种光线容易使房间显得呆板而没有生气，最好选用暖色光的灯具，这样会使卧室感觉较为温馨。注意普通照明最好装置两个控制开关，方便使用。

　　例如在睡床两旁设置床头灯，方便阅读，灯光不能太强或不足，否则会对眼睛造成损害，泛着暖色或中性色光感的灯比较合适，比如鹅黄色、橙色、乳白色等。

　　在卧室中巧妙地使用灯带、落地灯、壁灯甚至小型的吊灯，可以较好地营造卧室的气氛。例如不少卧室的床头都会设计一个装饰背景，通常会有一些特殊的装饰材料或精美的饰品，这些往往需要射灯烘托气氛。

5 儿童房灯饰照明方案

儿童房里一般都以整体照明和局部照明相结合来配置灯具。整体照明用吊灯、吸顶灯为空间营造明朗、梦幻般的光效；局部照明以壁灯、台灯、射灯等来满足不同的照明需要。所选的灯具应在造型、色彩上给孩子轻松、充满意趣的光感，以拓展孩子的想象力，激发孩子的学习兴趣。灯具最好选择能调节明暗或者角度的，夜晚把光线调暗一些，增加孩子的安全感，帮助孩子尽快入睡。

◆ 高明度色彩台灯表现儿童活泼的天性

◆ 利用灯饰营造梦幻氛围

6 书房灯饰照明方案

书房是家庭中阅读、工作、学习的重要空间，灯光布置主要把握明亮、均匀、自然、柔和的原则，不加任何色彩，这样不易疲劳。

如果是与客房或休闲区共用的书房，可以选择半封闭、不透明的金属工作灯，将灯光集中投到桌面上，既满足书写的需要，又不影响室内其他活动；若是在坐椅、沙发上阅读时，最好采用可调节方向和高度的落地灯。

书房内一定要设有台灯和书柜用射灯，便于主人阅读和查找书籍。台灯宜用白炽灯为好，瓦数最好在 60 W 左右为宜，台灯的光线应均匀地照射在读书写字的区域，不宜离人太近，以免强光刺眼，长臂台灯特别适合书房照明。

◆ 书柜安装灯带可以方便主人查找书籍

◆ 可调节方向和高度的长臂台灯特别适合书房照明

厨房的灯饰应以功能性为主，外型大方，且便于打扫清洁。材料应选用不易氧化和生锈的，或有表面保护层的较好。

厨房的油烟机上面一般都带有 25~40W 的照明灯，它使得灶台上方的照度得到了很大的提高。有的厨房在切菜、备餐等操作台上方设有很多柜子，可以在这些柜子下面装局部照明灯，以增加操作台的亮度。

厨房间的水槽多数都是临窗的，在白天采光会很好，但是到了晚上做清洗工作就只能依靠厨房的主灯。但主灯一般都安装在厨房的正中间，这样当人站着水槽前正好会挡住光源，所以需要在水槽的顶部预留光源。如果希望效果简洁点，可以选择防雾射灯，想要增加点小情趣的话可以考虑造型小吊灯。

◆ 厨房吧台上方的蓝色灯饰具有很强的装饰性

◆ 利用顶部灯带和安装在吊柜下方的灯具提供照明

TIPS

小户型中餐厨合一的格局越来越多见，选用的灯具要注意以功能性为主，外型以现代简约的线条为宜。灯光照明则应按区域功能进行规划，就餐处与厨房可以分开关控制，烹饪时开启厨房区灯具，用餐时则开启就餐区灯具，也可调光控制厨房灯具，工作时明亮，就餐时调成暗淡，作为背景光处理。

◆ 卫浴间的镜前灯通常以对称的形式出现

8 卫浴间灯饰照明方案

卫浴间的灯具一定要有可靠的防水性和安全性。外观造型和颜色可根据主人的兴趣及爱好进行选择，但要与整体布局相协调。

不管卫浴空间大小与否，都可以选择安装简单的壁灯，能带来足够的光源。并在面盆、坐便器、浴缸、花洒的顶位各安装一个筒灯，使每一处关键部位都能有明亮的灯光。除此之外，就不需要安装专门的吸顶灯了，否则会让人有眼花缭乱的感觉。

如果卫浴空间比较狭小，可以将灯具安装在吊顶中间，这样光线四射，给人从视觉上有扩大之感。考虑到狭小卫浴间的干湿分区效果不理想，所以不建议使用射灯做背景式照明。因为射灯虽然漂亮，但是防水效果普遍较差，一般用不了多久就会失效。

大面积卫浴间的空间照明可以用壁灯、吸顶灯、嵌灯等。由于干湿分离普遍较好，因此小卫生间不方便使用的射灯，在这里可以运用起来。射灯适合安装在防水石膏板吊顶之中，既可对准面盆、坐便器、浴缸的顶部形成局部照明，也可以巧妙设计成背景灯光以烘托环境气氛。

在传统的装修中，一般都会在卫浴间台盆柜的镜子上方安装一盏镜前灯。其实也有很多种其他的方法来给台盆柜的区域做照明，比方说如果是美式乡村风格，可以使用壁灯安装在镜子的两边。此外，也可以在台盆柜的正上方安装射灯或者筒灯来进行照明。

◆ 利用隐藏的灯带提供盥洗台所需的照明

第八章

装饰画的搭配

与悬挂技法

▷ 装饰画的搭配要点

▌软装风格与装饰画搭配

　　家居装饰画应根据装饰风格而定，欧式风格建议搭配西方古典油画作品；美式风格装饰画的主题多以自然动植物或怀旧的照片为主；田园风格则可搭配花卉题材的装饰画；中式风格适合选择中国风韵味的装饰画；现代简约的装饰风格较适合年轻一代的业主，装饰画选择范围比较灵活，如抽象画、概念画以及未来题材、科技题材的装饰画等；后现代风格适合搭配一些具有现代抽象题材的装饰画。

◆ 中式风格装饰画

◆ 欧式风格装饰画

◆ 美式风格装饰画

◆ 现代简约风格装饰画

居室内最好选择同种风格的装饰画，也可以偶尔使用一两幅风格截然不同的装饰画作为点缀，但不可眼花缭乱。另外，如果装饰画特别显眼，同时风格十分明显，具有强烈的视觉冲击力，最好按其风格来搭配家具、布艺等配饰。

2 | 空间墙面与装饰画搭配

在选择装饰画的时候，首先要考虑的是所悬挂墙面位置的空间大小。如果墙面留有足够的空间，自然可以挂置一幅面积较大的装饰画。可当空间比较局促的时候，就应当考虑悬挂面积较小的装饰画。这样不会留下压迫感，同时墙面适当留白，更能突出整体的美感。此外，还要注意装饰画的整体形状和墙面搭配，一般来说，狭长的墙面适合挂放狭长、多幅组合或者小幅的画，方形的墙面适合挂放横幅、方形或是小幅画。

如果墙面刷漆，色调平淡的墙面宜选择油画，而深色或者色调明亮的墙面可选用相片来替代；如果墙面贴墙纸，中式墙纸可以选择国画，欧式风格墙纸可以选择油画；如果墙面大面积采用了特殊材料，可以根据材料的特性来选画：例如木质材料宜选花梨木、樱桃木等木制画框的装饰画，金属材料就要选择有银色金属画框的抽象或者印象派油画。

◆ 空间足够大的墙面适合悬挂大幅装饰画

◆ 多幅长条形的装饰画组合适合挂在狭长的墙面

装饰画的作用是调节居室气氛，主要受到房间的主体色调和季节因素的影响。

从房间色调来看，一般可以大致分为白色、暖色调和冷色调。白色为主的房间选择装饰画没有太多的忌讳；但是暖色调和冷色调为主的居室就需要选择相反色调的装饰画：例如房间是暖色调的黄色，那么装饰画最好选择蓝、绿等冷色系的，反之亦然。

从季节因素来看，装饰画是家中最方便进行温度调节的饰品，冬季适合暖色，夏季适合冷色，春季适合绿色，秋季适合黄橙色，当然这种变化的前提就是房间是白色或者接近白色的浅色系。

◆ 暖色调的房间适合选择冷色调的装饰画

◆ 白色为主的房间可以任意选择装饰画

4 画框的颜色与材质

挑选装饰画不能只关注画面内容的表现，而忽略了画框的颜色与材质。画框是装饰画与墙面的分割地带，合适的画框能让欣赏者的目光恰好落入画框设定好的范围内，不受周围环境影响。

一般来说，木质画框适合水墨国画，造型复杂的画框适用于厚重的油画，现代画选择直线条的简单画框。如果画面与墙面本身对比度很大，也可以考虑不使用画框。在颜色的选择上，如果想要营造沉静典雅的氛围，画框与画面使用同类色；如果要产生跳跃的强烈对比，则使用互补色。

◆ 雕花边框装饰画

◆ 无框装饰画

◆ 细框装饰画

▷ 装饰画的悬挂技法

单幅装饰画的悬挂重点

　　单幅装饰画使用悬挂的方式比较常见，例如在客厅、玄关等墙面挂上一幅装饰画，把整个墙面作为背景，让装饰画成为视觉的中心。除非是一幅遮盖住整个墙面的装饰画，否则就要注意画面大小与墙面大小的比例要适当，左右上下一定要适当留白，宁多勿少，装饰画的高度以让人观赏时感觉舒适为佳。

◆ 单幅装饰画悬挂

◆ 单幅装饰画悬挂

可直接将单幅装饰画放置在地面、书架或矮柜上，并依靠在墙面。由于是摆放在一个固定的平面上，在高度上的选择仍然要考虑视平线的高度，避免将装饰画整个置于视平线之下，尤其是摆放在地面上的装饰画。装饰画依靠墙面的角度应该以尽量靠近墙面、不前倾为原则。

2 多幅装饰画的悬挂重点

悬挂多幅装饰画搭配时要考虑整体的画面效果。不论是水平展开悬挂或是垂直展开悬挂，高度以及画面大小与墙面大小的比例要如同单幅装饰画一样，唯一不同的是多幅装饰画之间要留出适当的呼吸空间。如果是悬挂大小不一的多幅装饰画的话，既可以以视平线为中心分割画面，也可以齐高或齐底。

◆ 多幅装饰画悬挂

3 装饰画的最佳悬挂高度

装饰画在墙面上的位置直接影响到欣赏时的舒适度，也会影响装饰画在整个空间内的表现力。因此悬挂装饰画时有几个标准可以作为参考：

- 一是以观者的身高作为标准，画面的中心在观赏者视线水平位置往上 15cm 左右的位置，这是最舒适的观赏高度。
- 二是以墙面为参考，一般居室的层高在 2.6~2.8m，根据装饰画的大小，画面中心位置距地面 1.5m 左右较为合适。装饰画周围还有其他摆件作为装饰时，要求摆设的工艺品高度和面积不超过画品的 1/3，并且不能遮挡画面的主要内容。

当然，装饰画的悬挂更多是一种主观感受，只要能与环境协调，不必完全拘泥于数字标准。

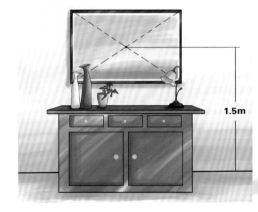

1.5m

◆ 画面中心距地面 1.5m 左右是合适的挂画高度

空无一物的墙面有很多可以发挥的空间，但切忌把墙面填鸭式地挂满装饰画。数量少、幅面大、规则排放的画组会让空间显得沉稳、简洁、严肃；而多幅、小尺寸且不规则排列的画组会使空间相对丰满、亲切和灵动一些。过于复杂的排列手法在一定程度下有可能会使空间变得凌乱以及没有重点。

此外，装饰画前一定要安排好悬装饰画作的尺寸、数量和间隔，谨慎起见可拍一张所在墙面的照片，在电脑上规划一下。

◆ 不规则排列的装饰画让空间显得活泼

◆ 规则排列的装饰画让空间显得简洁

对称式悬挂技法		一般多为 2~4 幅装饰画以横向或纵向的形式均匀对称分布，形成一种稳重、简洁的效果，画框的尺寸、样式、色彩通常是统一的，画面内容最好选设计好的固定套系，如想自己单选画芯配在一起，那一定要放在一起比对是否协调。
水平线悬挂技法		下水平线齐平的做法随意感较强，装饰画最好表达同一主题，并采用统一样式和颜色的画框，整体装饰效果更好；上水平线齐平的做法既有灵动的装饰感，又不显得凌乱。如果装饰画的颜色反差较大，最好采用统一样式和颜色的画框进行协调。

均衡式悬挂技法

多幅装饰画的总宽比被装饰物略窄，并且均衡分布，画面建议选择同一色调或是同一系列的内容。在重复悬挂同一尺寸的装饰画时，画间距最好不超过画的 1/5，这样能具有整体的装饰性。

混搭式悬挂技法

将装饰画与饰品混搭构成一个方框，随意又不失整体感，这样的组合适用于墙面和周边比较简洁的环境，否则会显得杂乱，这种设计手法尤其适合于乡村风格的家庭。

放射式悬挂技法

选择一张最喜欢的画为中心，再布置一些小画框围绕呈发散状。如果画面的色调一致，可在画框颜色的选择上有所变化。这种挂画方式通常可以表现出很强的文艺气息。

搁板衬托法

用搁板展示装饰画省去了计算位置、钉钉子的麻烦，可以在层板的数量和排列上做变化。注意层板的承重有限，更适宜展示多幅轻盈的小画。客厅的层板上最好要有沟槽或者遮挡条，以免画框滑落伤到人。

客厅装饰画搭配

客厅是整个家居空间中的重中之重，选择的装饰画并非一定要尺寸大、色彩鲜艳，但一定是可以表达主人性格和内涵的。由于沙发通常是客厅内的主角，在选择客厅装饰画时常以沙发为中心。中性色和浅色沙发适合搭配暖色调的装饰画，红色等颜色比较鲜亮的沙发适合配以中性基调或相近相近色系的装饰画。

客厅的大小直接影响着装饰画尺寸的大小。通常大客厅的装饰画，可以选择尺寸大的装饰画，从而营造一种开阔大气的意境。小客厅可以选择多挂几幅尺寸较小的装饰画作为点缀。如果觉得面积不大的墙面只挂一幅过小的装饰画会显得过于空洞，想搭配出一面大气的背景墙，可选择较大幅的装饰画，画面适当地留白，减缓了视觉的压迫，留给人无限遐想的空间。

◆ 客厅装饰画的宽度最好略窄于沙发

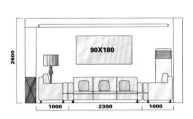
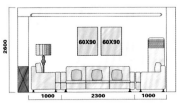
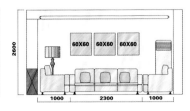

◆ 客厅挂画方案

客厅装饰画一般有两组合（尺寸：60cm×90cm×2）、三组合（60cm×60cm×3）、单幅（90cm×180cm）等形式，具体视客厅的大小比例而定。

餐厅是一家人吃饭的空间，装饰画的色调应柔和清新，画面干净整洁，无论是质感硬朗的实木餐桌还是现代通透的玻璃餐桌，只要风格、色彩搭配得当，装饰画就能营造出与餐桌相得益彰的感觉。给人带来愉悦的进餐心情。

餐厅一般可搭配一些人物、花卉、果蔬、插花、静物、自然风光等题材的装饰画，吧台区还可挂洋酒、高脚杯、咖啡等现代图案的油画。如果餐厅与客厅一体相通时，装饰画最好能与客厅配画相协调。

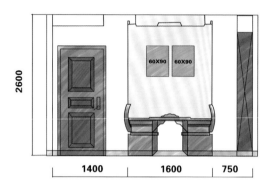

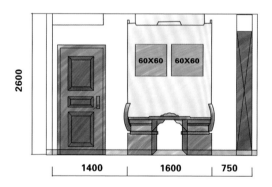

◆ 餐厅挂画方案

◆ 果蔬图案的装饰画最适合餐厅的主题

餐厅装饰画的尺寸一般不宜太大，以 60cm×60cm、60cm×90cm 为宜，采用双数组合符合视觉审美规律。装饰画时建议画的顶边高度在空间顶角线下 60~80cm，并居餐桌中线为宜。

玄关作为进门的第一视野，空间不大，所以不宜选择太大的装饰画，以精致小巧、画面简约的无框画为宜。可选择格调高雅的抽象画或静物、插花等题材的装饰画，来展现主人优雅高贵的气质。此外，也可以选择一些吉祥意境的装饰画，如百鸟朝凤画、山水画、吉祥九尾鱼等。装饰画的高度以平视视点在画的中心或底边向上 1/3 处为宜。

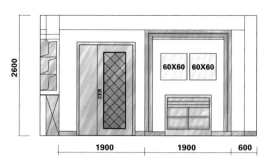

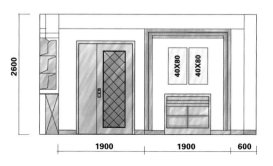

◆ 玄关挂画方案

◆ 玄关通常悬挂单幅装饰画

卧室是主人的私密空间，装饰上追求温馨浪漫和优雅舒适。除了婚纱照或艺术照以外，人体油画、花卉画和抽象画也是不错的选择。另外，卧室装饰画的选择因床的样式不同而有所不同。线条简洁、木纹表面的板式床适合搭配带立体感和现代质感边框的装饰画。柔和厚重的软床则需选配边框较细、质感冷硬的装饰画，通过视觉反差来突出装饰效果。

◆ 卧室床头墙上挂画

◆ 卧室侧边墙上挂画

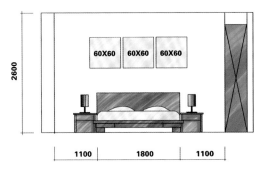

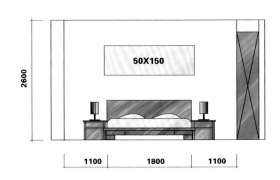

◆ 卧室挂画方案

卧室装饰画的尺寸一般以 50cm×50cm、60cm×60cm 两组合或三组合，单幅 40cm×120cm 或 50cm×150cm 为宜。在悬挂时，装饰画底边离床头靠背上方 15~30cm 处或顶边离顶部 30~40cm 最佳。

儿童房的空间一般都比较小，所以选择小幅的装饰画做点缀比较好，太大的装饰画会破坏童真的趣味。

儿童房装饰画的题材以卡通、植物、动物为主，能够给孩子们带来艺术的启蒙及感性的培养。装饰画的色彩应尽量明快、活泼一些，营造出轻松欢快的氛围。注意在儿童房中最好不要选择抽象类的后现代装饰画。

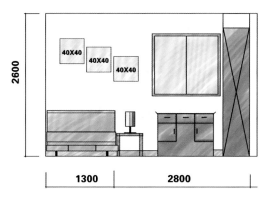

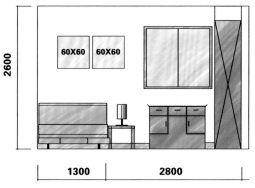

◆ 儿童房挂画方案

◆ 儿童房装饰画的题材以卡通图案为主

书房要营造轻松工作、愉快阅读的氛围，选用的装饰画应以清雅宁静为主，色彩不要太过鲜艳跳跃。中式的书房可以选择字画、山水画作为装饰，欧式、地中海、现代简约等装修风格的书房则可以选择一些风景或几何图形的内容。

书房里的装饰画数量一般在 2~3 幅，尺寸不要太大，悬挂的位置在书桌上方和书柜旁边的空墙面上。

◆ 中式风格书房挂画

◆ 现代风格书房挂画

楼梯间是一个流动有活力的区域，此处的装饰画不仅有美化空间的作用，还能改变人的视线，从而提醒人空间的转换。一般楼梯间适宜选择色调鲜艳、轻松明快的装饰画，以组合画的形式根据楼梯的形状错落排列，也可以选择自己的照片或喜欢的画报打造一面个性的照片墙。复式住宅或别墅的楼梯拐角宜选用较大幅面的人物、花卉题材画作。

◆ 楼梯空间挂画

◆ 别墅的楼梯拐角宜挂大幅装饰画

8 厨房装饰画布置

厨房给人的印象就是油烟和锅碗瓢勺，很容易产生枯燥沉闷的感觉，所以在操作台的对面摆上一组色彩明快、风格活泼的装饰画，会使原本枯燥的烹饪过程变得颇富情趣。

厨房装饰画应选择贴近生活为题材的画作，例如小幅的食物油画、餐具抽象画、花卉图等，描绘的情态最好是比较温和沉静，色彩清丽雅致。也可以选择一些具有饮食文化主题的装饰画，会让人感觉生活充满滋味。但厨房中一般不适宜选择风景画，也忌选人物画和动物画。

9 卫浴间装饰画布置

卫生间的面积虽不大，但是一两幅装饰画能柔和满贴瓷砖的冰冷感。考虑到潮湿空气的影响，卫浴间的装饰画可选择油画或瓷版画，画面内容以清新、休闲、时尚为主，也可以选择诙谐幽默的题材，体现使用者热爱生活，懂得生活小情趣的一面；色彩应尽量与卫浴间瓷砖的色彩相协调；画框可以选择铝材、钢材等材质，以起到防水作用；装饰画的面积不宜太大，数量也不要太多，点缀即可。

◆ 厨房宜悬挂餐饮内容题材的装饰画

◆ 卫浴间适合悬挂装裱镜框的装饰画

◆ 厨房挂画需要注意与整体空间色彩的统一

TIPS

如果厨房空间比较充裕，可以选择尺寸较大的装饰画，一般挂置1~2幅即可，如果厨房空间比较紧凑，则应该选择尺寸较小的装饰画，可以多幅组合进行布置。

◆ 卫浴间挂画呼应美式风格的主题

09

软装布艺分类
与搭配法则

HOME

软装布艺搭配的基础知识

软装布艺的装饰功能

软装设计中的布艺包括窗帘、抱枕、床品、地毯、桌布、桌旗等。好的布艺设计不仅能提高室内的档次，使室内更趋于温暖，更能体现一个人的生活品位。

布艺是软装设计的有机组成部分，同时在实用功能上也具有它独特的审美价值。布艺软装比其他装饰手法实惠且便捷，只要更换一种窗帘或是一种床品，居室就会立即变成另一个风格。

在对居室空间进行装修时，首先是基础装修，主要是墙面、地面、顶面的处理，这些都给人一种冷硬的感觉。而在后期软装设计中，布艺就能起到很大的作用。由于它本身柔软的质感，可为空间注入一丝温暖的氛围，丰富了空间的层次。

由于布艺本身的质感和材质，很容易体现出各个不同的风格，从复古到现代，从奢华到简约，布艺都能轻松体现出来，运用时可以根据空间的风格进行选择，从而加强对风格的体现。

布艺的样式和花纹繁多，让人眼花缭乱，业主可以根据自己的喜好和性格进行选择，最终完成的装饰效果也表达出业主个人的品位和审美。

◆ 布艺装饰可以快速更换家居空间风格

在居室的整体布置上，软装布艺要与其他装饰相呼应和协调，它的色彩、款式、意蕴等表现形式，要与室内装饰格调相统一。色彩浓重、花纹繁复的布艺适合欧式风格的空间；浅色具有鲜艳彩度或简洁图案的布饰，能衬托现代感强的空间。在一个中式风格的室内空间中，最好用带有中国传统图案的布艺来陪衬。

选择软装布艺主要是色彩、材质、图案的选择。进行色彩的选择时，要结合家具色彩确定一个主色调，使居室整体的色彩、美感协调一致。恰到好处的布艺装饰能为家居增色，胡乱堆砌则会适得其反。布艺色彩的搭配原则通常是窗帘参照家具、地毯参照窗帘、床品参照地毯、小饰品参照床品。

一般来说面积比较大的布艺，例如窗帘和床品，两者在色彩和图案的选择上都要和室内整体的空间环境色调相符合。而大面积和小面积的布艺之间可以是相互协调，也可以是相互之间形成对比。例如地面布艺多采用稍深的颜色，桌布和床品应反映出与地面色彩的协调或对比，元素尽量在地毯中选择，采用低于地面的色彩和明度的花纹来取得和谐是不错的方法。

◆ 布艺的色彩和图案应与室内装饰格调相统一

◆ 根据餐椅选择餐厅的窗帘布艺

布艺色彩搭配参照关系

▷ 家具布艺的搭配要点

I 不同软装风格的家具布艺搭配

欧式风格家具布艺		大马士革图案是欧式风格家具布艺的最经典纹饰，采用佩斯利图案和欧式卷草纹进行装饰同样能达到豪华富丽的效果。
美式乡村风格家具布艺		材质一般运用本色的棉麻，以营造自然、温馨气息，与其他原木家具搭配，装饰效果更为出色。
田园乡村风格家具布艺		常运用碎花图案的布艺，给人一种扑面而来的浓郁乡土气息，让生活在其中的人感到亲近和放松。
中式风格家具布艺		中式风格家具往往很少将布艺直接与家具结合，而是采用靠垫、坐垫等进行装饰。
法式风格家具布艺		常以灰绿色搭配金色或银色的点缀，以展现贵族般的华贵气质。

沙发材质

丝质、绸缎、粗麻、灯芯绒等耐磨布料均可作为沙发面料，它们具有不同的特质：丝质、绸缎面料的沙发高雅、华贵，给人以富丽堂皇的感觉；粗麻、灯芯绒制作的沙发朴实、厚重，表现自然、质朴的气息。

◆ 灯芯绒面料的沙发

◆ 绸缎面料的沙发

沙发花型

从花型上看，可以选择条格、几何图案、大花图案及单色的面料做沙发。

条格图案

条格图案的布料视觉上整齐、清爽，用它来制作沙发，适用在设计简洁、明快的居室中。

几何图案

几何及抽象图案的沙发给人一种现代、前卫的感觉。

大花图案

大花图案的沙发跳跃、鲜明，可以为家中带来生机和活力。

单色面料

单色面料应用较广，大块的单一颜色营造出平静、清新的居室气氛。

▷ 窗帘布艺的搭配要点

室内风格与窗帘布艺搭配

窗帘作为整体家居的一部分，要与整个家居环境相搭配。所以，在选购窗帘之前，应该首先明确家里的装修风格，不同的装修风格需要搭配不同的窗帘。

欧式风格中，窗帘的色调多为咖啡色、金黄、深咖啡色等。中式风格的窗帘以偏红、棕色为主。田园风格可选择小碎花或斜格纹的窗帘。简约风格的装修中，窗帘的花色和款式应与布艺沙发搭配，采用麻制或涤棉布料，如米黄、米白、浅灰等浅色调为佳。美式窗帘的材质一般运用本色的棉麻，以营造自然、温馨气息，与其他原木家具搭配，装饰效果更为出色。

◆ 欧式风格窗帘

◆ 中式风格窗帘

◆ 美式风格窗帘

◆ 简约风格窗帘

◆ 田园风格窗帘

从材质上分,窗帘布艺有雪尼尔、棉质、麻质、纱质、丝质、绸缎、植绒、竹质、人造纤维等。雪尼尔、丝质、绸缎面料的窗帘是布艺窗帘中价格较高的一类。

● 雪尼尔窗帘表面的花形有凹凸感、立体感强,能使室内呈现出富丽堂皇的感觉;

● 丝质窗帘光泽度很亮,薄如轻纱却极具韧性,悬挂起来给人飘逸的视觉享受,但丝质不易染色,且价格较贵;

● 绸缎窗帘质地细腻,给人华丽高贵的感觉,但价格也相对较高。

● 很多别墅、会所想营造奢华艳丽的感觉,而又不想选择价格较贵的绸缎、雪尼尔面料,可以考虑价格相对适中的植绒面料。
   植绒窗帘手感好,挡光度好,缺点是特别容易挂尘吸灰,洗后容易缩水,适合干洗,因此,不适合一般家庭使用。

● 棉、麻是窗帘常用的面料,易于洗涤和更换,价格比较亲民。

● 纱质的窗帘装饰性较强,透光性能好,并且能增强空间的纵深感,一般适合在客厅或阳台使用。

◆ 雪尼尔窗帘

◆ 丝质窗帘

◆ 绸缎窗帘

◆ 纱质窗帘

◆ 棉质窗帘

◆ 植绒窗帘

TIPS

不同质地的窗帘可产生不同的装饰效果,如果想表现豪华感,可以选择丝绒、提花面料、绸缎等面料;如果想表现温馨感,可以选择格子布、灯芯绒、土布等纱质的窗帘。

◆ 麻质窗帘

窗帘布艺必须考虑花型与色彩及家居的和谐搭配。窗帘花型的选择，首先要了解不同工艺的花形特点，并且应与窗户与房间的大小、居住者年龄和室内风格相协调。

窗帘花型的制作工艺

- 印花布艺的花形是直接印上去的，具有极好的逼真感及手绘般的印染效果。
- 提花布艺的花形由不同颜色的织物编织起来，耐看而有内涵。
- 绣花布艺是将各式花型以刺绣的形式展现在窗帘上，花型立体感强，精致细腻。
- 烂花工艺是将布中部分材料腐蚀掉而造成布料部分薄的现象，花型风格自由多变，既可以年轻活泼，也可以古典华丽。
- 剪花工艺主要运用在窗纱上，纹样轮廓清晰鲜明，色彩斑斓，可以产生浮雕般的艺术效果。

◆ 印花窗帘的应用较为广泛

窗帘花型搭配要点

窗帘的花形可以调节窗户的视觉效果。比较短的窗户不宜选用横的花型，否则会使窗户显得更短，采用竖的花型可以在视觉上起到增大的作用；花型大的布料不宜做小窗户上的窗帘，避免窗户显得狭小；此外，垂直的花形可以给人以稳重感。

一般来说，小花型文雅安静，能扩大空间感；大花型比较醒目活泼，能使空间收缩。所以小房间的窗帘花型不宜过大，选择简洁的花形为好，以免空间因为窗帘的繁杂而显得更为窄小。大房间可适当选择大的花型，若房间偏高大，选择横向花型效果更佳。

婚房应选择花型别致、美观的窗帘，使房间洋溢青春的甜蜜气息；老人房的家具一般都比较厚重，可选用朴实安逸的花形，如素色、直条或带传统元素的窗帘，增加古朴典雅的气氛；儿童房的窗帘花型最好用小动物、小娃娃等卡通图案，充满童趣；年轻人的房间窗帘以奔放动感或是大方简洁的花形为宜。

◆ 小花型窗帘能扩大空间感

◆ 婚房中的红色花型窗帘给房间增加浪漫的氛围

◆ 大花型窗帘使空间具有收缩感

◆ 带有卡通图案的窗帘是儿童房的最佳选择

4 窗帘布艺的色彩搭配

深色的窗帘显得庄重大方；浅色调、透光性强的薄窗帘布料能够营造出一种庄重简洁、大方明亮的视觉效果。

需要充分考虑窗帘的环境色系，尤其是与家具的色调呼应，像客厅窗帘的颜色最好从沙发花纹中选取。例如白色的意式沙发上经常会点缀粉红色和绿色的花纹，窗帘就不妨选用粉红色或绿色的布料，整体比较协调。

如果室内色调柔和，并为了使窗帘更具装饰效果，可采用强烈对比的手法，例如在鹅黄色的墙壁垂挂蓝紫色的窗帘；如果房间内已有色彩鲜明的风景画，或其他颜色鲜艳的家具、饰品等，窗帘就最好素雅一点。

◆ 从客厅沙发中提取颜色应用到窗帘

◆ 运用色彩对比的手法突出窗帘的装饰感

新房设计风格呈多样化的趋势，所以出现了很多造型各异的窗型，要根据不同窗型来配搭选购合适的窗帘，也是一门不小的学问，达到"量体裁衣"的效果可以为家居环境画龙点睛。

飘窗

多见于卧室、书房、儿童房等空间的一种窗型。很多人喜欢坐到窗台上看书阅读，因此对窗帘的光控效果要求较高。一般可以选择使用双层的窗帘，一层主帘加一层纱帘。

高窗

有些跃层窗户的高度大约有5~6米，因为窗子过高，较为适合安装电动轨道，有了遥控拉帘装置，就不会因窗帘过高不易拉合而担忧。

拱形窗

拱型窗的窗型结构比较美观，具有浓郁的欧洲古典格调，为拱型窗制作的窗帘，应能突出窗形轮廓，而不是将其掩盖，可以利用窗户的拱形营造磅礴的气势感，把重点放在窗幔上。

转角窗

一般分为L形、八字形、U形、Z形等类型，常见于餐厅、卧室、书房、儿童房、内阳台等处，由于造型独特，选用窗帘就要因形而异。转角处为墙体或窗柱的八字形窗可选择用多块落地帘分割，方便使用和拆卸。但由于有多块窗帘，就需要方便的窗帘控制系统。

落地窗

落地窗常见于客厅、卧室等主要家居空间，适合选用设计大气的窗帘，简约大方的裁剪、单一且雅净的色调，能为落地窗帘达到大气加分。此外，丝柔垂帘也非常适用于落地窗，薄纱可以使室内有充裕的光线又不乏朦胧美感，同时也不失房间的私密性，可谓一举三得。

　　不同空间的窗户需要相应窗帘的搭配，方能彰显家居格调，营造和谐的居住氛围。小房间窗帘应以比较简洁的式样为好，以免使空间因为窗帘的繁杂而显得更为窄小。而大居室则宜采用比较大方、气派、精致的式样。

客厅窗帘

　　客厅中的玻璃较多，所以窗帘的材质可以选用防紫外线和隔热效果较好的类型，不管是材质还是色彩方面都应尽量选择与沙发相协调的面料，以达到整体氛围的统一。

餐厅窗帘

　　餐厅是一个长期用餐的空间，有时难免会有一些油烟，所以最好选用便于洗涤更换的窗帘材质，如棉、麻、人造纤维等。

书房窗帘

　　书房需要一个安静的阅读环境，可以选择自然、独具书香味的木质百叶帘、隔音帘或素色卷帘。

厨房窗帘

　　应选择防水、防油、易清洁的窗帘，一般选用铝百叶或印花卷帘。

卧室窗帘

　　卧室是私密要求较高的区域，适合选用较厚质的布料，窗帘的质地以植绒、棉、麻为佳。此外，还有绸缎等质感细腻的面料，遮光和隔音的效果也都比较好。

▷ 抱枕布艺的搭配要点

I 抱枕布艺的造型分类

抱枕是常见的家居小物品，但在软装中却往往有很意想不到的作用。除了材质、图案、不同缝边花式之外，抱枕也有不同的摆放位置与搭配类型，甚至主人的个性也会从大大小小的抱枕中流露一二。

抱枕的造型非常丰富，有方形、圆形、长方形、三角形等，根据不同的需求，比如沙发、睡床、休闲椅或餐椅上，对抱枕的造型和摆放要求也有所不同。

方形抱枕		方形的靠包最适合放在单人椅上，或成组地和其他抱枕组合摆放，搭配时注意色彩和花纹的协调度。
长方形抱枕		长方形抱枕一般用于宽大的扶手椅，在欧式和美式风格中较为常见，也可以与其他类型抱枕组合使用。
圆形抱枕		圆形抱枕造型有趣，作为点缀抱枕比较合适，能够突出主题。造型上还有椭圆等卡通立体的造型抱枕。

抱枕是改变居室气质的好装饰，几个漂亮的抱枕完全可以提升沙发区域的可看性，不同颜色的抱枕搭配不一样的沙发，也会打造出不一样的美感。

最常见的是将沙发左右平衡对称摆放，给人的感觉整齐有序，具体根据沙发的大小可以左右各摆设一个、两个或者三个抱枕。注意选择抱枕时除了数量和大小，在色彩和款式上也应该尽量选择平衡对称。

如果将大抱枕放在沙发左右两端，小抱枕放在沙发中间，会给人一种和谐舒适的视觉效果。而且从实用角度来说，大抱枕放在沙发两侧边角处，可以解决沙发两侧坐感欠佳的问题。将小抱枕放在中间，则是为了避免占据太大的沙发空间。

对于座位比较宽的沙发，需要前后叠放摆设抱枕，应在最靠近沙发靠背的地方摆放大一些的方形抱枕，然后中间摆放相对较小的方形抱枕，最外面再适当增加一些小腰枕或糖果枕。这样使得整个沙发区看起来层次分明，而且舒适性极佳。

◆ 左右对称摆设抱枕

◆ 前后叠放摆设抱枕

▷ 床品布艺的搭配要点

Ⅰ 床品布艺搭配的三大准则

呼应主题

床品首先要与卧室的装饰风格保持一致，自然花卉图案的床品搭配田园格调十分恰当；抽象图案则更适宜简洁的现代风格。其次，床品在不同主题的居室中，选择的色调自然不一样。对于年轻女孩来说，粉色是最佳选择，粉粉嫩嫩可爱至极；成熟男士则适用蓝色，蓝色体现理性，给人以冷静之感。

◆ 田园格调床品

◆ 男性主题床品

◆ 女性主题床品

◆ 现代风格床品

◆ （与家居主题一致）新中式风格床品

相近法则

为了营造安静美好的睡眠环境，卧室墙面和家具色彩都会设计得较柔和，因此床品选择与之相同或相近的色调绝对是一种正确的方法。同时，统一的色调也让睡眠氛围更柔和。

选择与窗帘、抱枕等软饰相一致的面料作为床品，形成和谐整体的空间氛围。需要注意的是，这种搭配更适用于墙面、家具为纯色的卧室，否则太过缭乱。

◆ 选择与墙面同色的床品

◆ 选择与窗帘相协调的床品

搭配单品

床品包括床单、被子和枕头等，但如果要更加地美观，大小不一、形状各异的抱枕是颇具性价比的单品。各单品之间完全同花色是最保守的选择；要效果更好，则需采用同色系不同图案的搭配法则，甚至可以将其中一两件小单品配成对比色，如此一来，床品才能作为软装的重头戏为房间增色。如果多个抱枕的堆积感觉太烦琐的话，为床搭配一条绗缝的床盖是另一个方便的选择。

◆ 和谐色彩的单品显得比较沉稳

◆ 选择与窗帘相协调的床品

田园风格床幔

田园风格家居中，设计成有高高"幔头"的床幔，可以轻松营造公主房的感觉。这类床幔大都是贴着床头，将床幔杆做成半弧形，为了与此协调，床幔的帘头也都做成弧形，而且大都伴有荷叶边装饰。

田园风格的床幔，冬天最好选择棉质的布料或暖色轻柔的纱幔，春夏季节可以换成冷色纱质。

如果想突出田园风恬静、纯美的感觉，床幔的花色图案可选择白底小碎花、小格子、白底大花或是细条纹等，周边大都会有荷叶边的装饰。

◆ 田园风格床幔

东南亚风格床幔

东南亚风格的卧室中很多都使用四柱床，这种类型的床的床幔，一般可选择穿杆式或者吊带式：吊带式床幔纯真浪漫；穿杆式床幔相对华丽大气。

为营造出东南亚风格的原始、热烈感，这种风格的床幔一般都选择亚麻材质或者纱质，色调上大多选择单色，如玫红色、亚麻色、灰绿色等。

◆ 东南亚风格床幔

欧式风格床幔

欧式风格的床幔可以营造出一种宫廷般的华丽视觉感，造型和工艺上并不复杂，最好选择有质感的织绒面料或者欧式提花面料。

同样，为了营造古典浪漫的视觉感，这类风格床幔的帘头上大都会有流苏或者亚克力吊坠，又或者用金线滚边来做装饰。若不想过于烦琐，也可以省略。

◆ 欧式风格床幔

▷ 地毯布艺的搭配要点

| 常见的地毯材质

　　地毯的材质很多，即使使用同一制造方法生产出的地毯，也会由于使用原料、绒头的形式、绒高、手感、组织及密度等因素的差异，产生不同的外观效果。

羊毛地毯		羊毛地毯柔和舒适，在各种纤维中弹性最好，因而最厚实保暖。羊毛地毯价格较为昂贵，机织纯羊毛地毯每平方米在千元以上，手工编织的则高达数万元。
化纤地毯		可分为尼龙、丙纶、涤纶和腈纶等四种，其中尼龙地毯是目前最为普及的地毯品种。化纤地毯的表面结构各异，饰面效果也多种多样，如雪尼尔地毯绒毛长，PVC 地毯起伏有致。
真丝地毯		真丝地毯是地毯中最为高贵的品种。但由于真丝不易上色，所以在色彩的浓艳和丰富上要逊于羊毛地毯。目前市场上一些昂贵的地毯上的图案用真丝制成，而其他部位仍然由羊毛编织。
混纺地毯		由毛纤维及各种合成纤维混纺而成，色泽艳丽，易清洁，在图案花色、质地和手感等方面，与纯毛地毯相差无几，价格却大大降低，每平方米几百元到千元左右。
牛皮地毯		最常见的有天然牛皮地毯和印染牛皮地毯两种。牛皮地毯脚感柔软舒适，装饰效果突出，可以表现出空间的奢华感，增添浪漫色彩。
麻质地毯		拥有极为自然的粗犷质感和色彩，用来呼应曲线优美的家具、布艺沙发或者藤制茶几，效果都很不错，尤其适合乡村、东南亚、地中海等亲近自然的风格。

空间色彩

一般来说，只要是空间已有的颜色，都可以作为地毯颜色，但还是应该尽量选择空间使用面积最大、最抢眼的颜色，这样搭配比较保险。如果家里的装饰风格比较前卫，混搭的色彩比较多，也可以挑选室内少有的色彩或中性色。

◆ 利用卧室的主色调作为地毯的颜色是比较稳妥的选择

采光情况

朝南或东南的住房，采光面积大，最好选用偏蓝、偏紫等冷色调的地毯，可以中和强烈的光线；如果是西北朝向的，采光有限，则应选用偏红、偏橙等暖色调的地毯，这样可以减轻阴冷的感觉，同时还可以起到增大空间的效果。

◆ 采光较好的房间适合搭配冷色调的地毯

家具款式

如果茶几和沙发都是中规中矩的形状，可以选择矩形地毯；如果沙发有一定弧度，同时茶几也是圆的，地毯就可以考虑选择圆形的；如果家中的沙发或茶几款式异型，也可以向厂家定做，不过价格会相对较高。

◆ 暖色地毯可以减轻阴冷的感觉

地毯不仅是提升空间舒适度的重要元素，其色彩、图案、质感又在不同程度上影响着空间的装饰主题。可以根据空间整体风格，选择与之呼应的地毯，让主题更集中。

现代风格地毯搭配

多采用几何、花卉、风景等图案，具有较好的抽象效果和居住氛围，在深浅对比和色彩对比上与现代家具有机结合。

乡村风格地毯搭配

自然材质轻松质朴的气息使乡村主题更加集中，乡村风格家居可以选择动物的皮毛或图样做地毯，也可以搭配一块纯天然材质的地毯来呼应家具营造的乡村格调。

中式风格地毯搭配

中式风格家居空间选择可具有抽象中式元素图案的地毯；也可选择传统的回纹、万字纹或描绘着花鸟山水、福禄寿喜等中国古典图案的地毯。

欧式风格地毯搭配

这种风格的地毯多以大马士革纹、佩斯利纹、欧式卷叶、动物、建筑、风景等图案构成立体感强、线条流畅、节奏轻快、质地淳厚的画面，非常适合与欧式家具相配套。

东南亚风格地毯搭配

浓厚亚热带风情的东南亚风格，休闲妩媚并具有神秘感，常常搭配藤制、竹木的家具和配饰，可选用以植物纤维为原料手工编织的地毯。

客厅地毯搭配

如果布艺沙发的颜色为多种，而且比较花，可以选择单色无图案的地毯样式。这种情况下颜色搭配的方法是从沙发上选择一种面积较大的颜色，作为地毯的颜色，这样搭配会十分和谐，不容易因为颜色过多显得凌乱。如果沙发颜色比较单一，而墙面为某种鲜艳的颜色，则可以选择条纹地毯，或自己十分喜爱的图案，颜色的搭配依照比例大的同类色作为主色调。

空间紧凑的小户型，对空间整体的灵动性要求较高，客厅地毯可以跳出与沙发、家具的色彩，以跳跃、明快的方式与墙面、窗帘甚至于挂饰，在材质、图案以及色彩上形成层次呼应；大户型的客厅毯，更讲究大气稳重的花纹以及传统图案，以求与沙发、家具的整体协调性。

客厅地毯尺寸的选择要与沙发尺寸相适应。如果客厅选择 3+1+ 休闲椅，或者 3+2 的沙发组合，地毯的尺寸应该以整个沙发组合内围合的腿脚都能压住地毯为标准，很多家庭常常只考虑了三人位的长度，导致地毯尺寸不够，不仅影响视觉效果，也容易导致单张或 2 人位的放置尴尬或者倾斜。

◆ 客厅地毯的图案和色彩要与整体相呼应

◆ 客厅地毯的尺寸应与家具尺寸相适应

餐厅地毯搭配

地毯对餐厅来说功用很特殊，尤其对于铺设木地板等易刮滑地面材质，或餐桌椅采用不锈钢的家庭来说，经常移动餐桌椅对地面的磨损非常厉害，地毯可以有效减少这种磨损，延长地板的使用寿命。如果担心打理问题，可搭配性价比高、相对更耐用的麻质地毯。此外，因为平时餐椅放在餐桌底下，就餐时椅子拉出，所以餐厅地毯尺寸应考虑到拉出的椅子。

◆ 餐厅地毯兼具美观与避免地面被磨损的双重功能

卧室地毯搭配

卧室是整个住宅空间相对私密的场所，在地毯的选择上，应着重考虑舒适度，选择短、长羊毛毯更为合适。无论是色泽协调柔和的小花图案，还是色彩对比上强烈一些的地毯，都可以凸显空间温馨与层次感。

◆ 卧室铺设地毯增加温馨的氛围

在床尾铺设地毯，是很多样板房中最常见的搭配。对于一般家庭，如果整个卧室的空间不大，可以在床的一侧放置一块 1.8m×1.2m 的地毯。

过道地毯搭配

过道地毯应该兼顾前后两个空间的风格特点，如果两个空间的风格是统一的，那么就可以选择与这个风格相统一的图案色彩；如果两个空间并不是同一种风格，那么选择过道地毯时就应该有所偏重，可以选择其中的一种风格，但是绝对不能采用第三种风格，否则就会产生混乱的视觉效果。作为一种空间的软装饰，选择过道地毯时可以把过道形状进行等比例缩小，这样视觉上才会平衡协调。如果过道的光线昏暗，应该选择色彩比较明亮的地毯；如果过道的采光比较充足，则可以选择颜色稳重的过道地毯。

玄关地毯搭配

由于玄关处是进出门的必经之地，地毯踩踏较频繁，所以尽量选择麻质或短毛、高密度的地毯，这些材质的地毯防尘抗污性相对较高，也更易清洁打理。

由于玄关位置的特殊性，此处的地毯多以小、薄为特征。尤其是小户型的玄关地毯，一般只能放置50cm×50cm左右，但是小且薄的地毯通常防滑性能不佳，可以考虑在地毯下加一块防滑垫。

◆ 过道地毯的色彩纹样与案几上的花瓶形成和谐的呼应

◆ 玄关地毯宜选择防尘抗污性相对较高的材质类型

厨房地毯搭配

　　厨房是个油烟味重的地方，因此一般人家庭的厨房都不会考虑铺地毯。但其实厨房布置地毯在国外是比较流行的。在厨房中放置颜色较深的地毯，或者面积较小的地毯，不仅解决了清洁的问题，还为普通的厨房增色不少。但要注意放在厨房的地毯必须防滑，同时如果能吸水最佳，最好选择底部带有防滑颗粒的类型，不仅防滑，还能很好地保护地毯。

卫浴间地毯搭配

　　卫浴间比较容易打滑，地毯需要具有吸水、防滑功能，所以应选择棉质或超细纤维地垫，其中尤以超细纤维材质为佳，小小一块色彩艳丽的地毯可以为卫生间增色不少。

◆ 厨房适合选择易清洗的丙纶地毯或棉质地毯

◆ 彩色小块毯为卫浴间增添活力

　　丙纶地毯多为深色花色，弄脏后不明显，清洁也比较简便，因此在厨房这种易脏的环境中使用是一种最佳的选择方案。此外，棉质地毯也是不错的选择，因为棉质地毯吸水吸油性好，同时因为是天然材质，在厨房中使用更加安全。

▷ 餐桌布艺搭配要点

不同室内风格的桌布搭配

桌布较其他大件的软装配饰而言，因其面积和用途，在居家设计中常容易被忽略，但它却很容易营造气氛。各式各样不同风格的桌布，总能给家居渲染出不一样的情调。

简约风格桌布		简约风格适合白色或无色效果的桌布，如果餐厅整体色彩单调，也可以采用颜色跳跃一点的桌布，给人眼前一亮的效果
田园风格桌布		田园风格适合选择格纹或小碎花图案的桌布，既显得清新而又随意
中式风格桌布		中式风格桌布体现中国元素，如青花瓷、福禄寿喜等设计图案，传统的绸缎面料，再加上一些刺绣，让人觉得赏心悦目
法式乡村风格桌布		深蓝色提花面料的桌布含蓄高雅，很适合映衬法式乡村风格

TIPS

注意在选择有花纹图案的桌布时，切忌只图一时喜欢而选择过于花哨的样式。这样的桌布虽然有第一眼的美感，但时间一长就有可能出现审美疲劳。

不同色彩与图案的桌布的装饰效果各不相同。如果桌布的颜色太艳丽，又花哨，再搭配其他软装饰品的话，容易给人一种杂乱不堪的感觉。通常色彩淡雅类的桌布十分经典，而且比较百搭。此外，只要选择符合餐厅整体色调的桌布，冷色调也能起到很好的装饰作用。

如果使用深色的桌布，那么最好使用浅色的餐具，餐桌上一片暗色很影响食欲，深色的桌布其实很能体现出餐具的质感。纯度和饱和度都很高的桌布非常吸引眼球，但有时候也会给人压抑的感觉，所以千万不要只使用于餐桌上，一定要在其他位置使用同色系的饰品进行呼应、烘托。

◆ 使用高纯度色彩的桌布要有其他饰品进行呼应

◆ 桌布的色彩应与餐桌椅相协调

正式一些的宴会场合，要选择质感较好、垂坠感强、色彩较为素雅的桌布，显得大方；随意一些的聚餐场合，比如家庭聚餐，或者在家里举行的小聚会，适合选择色彩与图案较活泼的印花桌布。

如果是圆形餐桌，在搭配桌布时，适合在底层铺带有绣花边角的大桌布，上层再铺上一块小桌布，整体搭配起来华丽而优雅。圆桌布的尺寸为圆桌直径加周边垂下30cm，例如桌子直径为90cm，那么就可以选择直径为150cm的桌布。

◆ 圆形餐桌的桌布搭配方案

正方形餐桌可先铺上正方形桌布，上面再铺一小块方形的桌布。铺设小桌布时可以更换方向，把直角对着桌边的中线，让桌布下摆有三角形的花样。方桌桌布最好选择大气的图案，不适宜用单一的色彩。此外，方桌布的尺寸一般是四周下垂15~35cm。

如果家中用的是长方形餐桌，可以考虑用桌旗来装饰餐桌，可与素色桌布和同样花色的餐垫搭配使用。

◆ 方形餐桌的桌布搭配方案

10

第十章

软装饰品
的搭配应用

▷ 软装饰品的搭配基础

I 软装饰品的功能

选择合适的软装饰品可以烘托一种氛围，例如在家居中放置一些陶瓷类的装饰品，会给带来幽静古典的感觉。软装饰品的合理布置给人带来的不仅仅是感官上的愉悦，更能健怡身心，丰富居家情调。热爱生活的人要会摆放家具，更要懂得摆放让人赏心悦目的软装饰品，让居住者每天都有好心情。

因为饰品本身的造型、颜色、图案均有一定的风格特征：简约与时尚的饰品形成现代风格，庄重与优雅相融合的饰品形成中国传统风格，粗犷朴实的饰品创造出乡村风格，复古高贵气质的饰品形成欧洲古典风格等。并且造型和色彩都不一样，因此会让家居更具层次感和空间感。

如果家居色调单一，或者想根据季节的变换更换一下主色调，那么就可以多添一些应景的家居工艺饰品，使空间更具生机和活力。

◆ 布置合适的软装饰品让楼梯过道处成为家中的一道风景线

◆ 利用软装饰品烘托家居氛围

　　软装饰品的搭配是软装设计的最后一个环节，具体包括客厅、餐厅、卧室、书房、厨卫等空间的陈列装饰品，从装饰形式上来看，软装饰品饰品分为装饰挂件和装饰摆件两大类。

● 装饰挂件是指利用实物及相关材料进行艺术加工和组合，与墙面融为一体的饰物。挂镜、挂盘以及一些壁饰工艺品等都属于其中的一种。它的出现给墙面增加一份艺术的美感。

● 装饰摆件就是平常用来布置家居的装饰摆设品，是软装设计中最有个性和灵活性的元素。按照不同的材质分为木质装饰摆件、陶瓷装饰摆件、金属装饰摆件、玻璃装饰摆件、树脂装饰摆件等。

三角形构图法

软装饰品的摆放讲求构图的完整性，有主次感、有层次感、韵律感，同时注意与大环境的融洽。通常陈设后从正面观看时饰品所呈现的形状应该是三角形，这样显得稳定而有变化。三角形构图法主要通过对饰品的体积大小或尺寸高低进行排列组合，最终形成轻重相间及布置有序的三角装饰形状，无论是正三角形还是斜边三角形，即使看上去不太正规也无所谓，只要在摆放时掌握好平衡关系即可。

适度差异法

饰品的组合上有一定的内在联系，形体上要有变化，既对比又协调，物体应有高低、大小、长短、方圆的区别，过分相似的形体放在一起显得单调，但过分悬殊的比例看起来不够协调。

◆ 三角形构图法

◆ 适度差异法

对称平衡法

把一些家居饰品对称平衡的摆设组合在一起，让它们成为视觉焦点的重要一部分。例如可以把两个样式相同或者差不多的工艺饰品并列摆放，不但可以制造和谐的韵律感，还能给人安静温馨的感觉。

◆ 对称平衡法

同一主线法

相同空间的软装配饰通常都有着格调或元素上的相似性将彼此联系起来，可以从颜色、材质、形状或主题上遵循同一条主线，在这个原则上展示各自的不同点，彼此互补，形成和而不同的组合关系，从而打造层次分明的视觉景象。在同一件家具上，最好不要摆设超过三种工艺饰品。如果家具是成套的，那么最好采用相同风格的工艺饰品，色彩相似效果更佳。

◆ 同一主线法

灯光烘托法

　　摆放家居工艺饰品时要考虑到灯光的效果。不同的灯光和不同的照射方向，都会让工艺饰品显示出不同的美感。一般暖色的灯光会有柔美温馨的感觉，贝壳或者树脂等工艺饰品就比较适合；如果是水晶或者玻璃的工艺饰品，最好选择冷色的灯光，这样会看起来更加透亮。

◆ 灯光烘托法

亮色点睛法

　　整个硬装的色调比较素雅或者比较深沉的时候，在软装上可以考虑用亮一点的颜色来提亮整个空间。例如硬装和软装是黑白灰的搭配，可以选择一两件比较色彩艳丽的单品来活跃氛围，这样会带给人不间断的愉悦感受。

◆ 亮色点睛法

◆ 亮色点睛法

▷ 家居空间的软装饰品搭配

客厅软装饰品搭配

客厅是整间房子的中心，布置饰品必须有自己的独到之处，彰显出主人的个性。

- 现代简约风格客厅应尽量挑选一些造型简洁的高纯度饱和色的饰品；
- 新古典风格的客厅中，可以选择烛台、金属动物摆件、水晶灯台或果盘、烟灰缸等饰品；
- 美式风格客厅经常摆设仿古做旧的工艺饰品，如表面做旧的挂钟、略显斑驳的陶瓷摆件、鹿头挂件等；
- 新中式风格客厅的饰品繁多，如一些新中式烛台、鼓凳、将军罐、鸟笼、木质摆件等，从形状中就能品味出中式禅味。

现代简约风格

造型简洁的饰品是现代简约风格客厅的首选

新中式风格

花鸟图案的将军罐非常适合新中式客厅

新古典风格

新古典风格烛台表现出华丽的气质

美式风格

鹿头挂件是美式客厅最具代表性的元素

　　餐厅是家中最常用的功能区之一，一般布置餐具、烛台、花艺、桌旗、餐巾环等饰品。其中餐具是餐厅中最重要的软装部分，一套造型美观且工艺考究的餐具可以调节人们进餐时的心情，增加食欲。

- 现代风格的餐厅软装设计中，采用充满活力的彩色餐具是一个不错的选择；
- 欧式古典风格餐厅可以选择带有一些花卉、图腾等图案的餐具，搭配纯色桌布最佳，优雅而致远，层次感分明；
- 质感厚重粗糙的餐具，可能会使就餐意境变得大不一样，古朴而自然，清新而稳重，非常适合中式风格或东南亚风格的餐厅；
- 镶边餐具在生活中比较常见，其简约不单调，高贵却又不夸张的特点，成为了欧式风格与现代简约风格餐厅的首选餐具。

◆ 欧式古典风格餐具

◆ 现代风格餐具

◆ 东南亚风格餐具

◆ 镶边餐具

西餐餐具摆设

西餐餐具有刀、叉、匙、盘、杯等。刀分为食用刀、鱼刀、肉刀、奶油刀、水果刀；叉分为食用叉、鱼叉、龙虾叉；匙有汤匙、茶匙等；杯的种类更多，茶杯、咖啡杯多为瓷器，并配小碟；水杯、酒杯多为玻璃制品，不同的酒使用不同的酒杯，一般有几道酒，就配有几种酒杯。

中餐餐具摆设

中餐餐具有盘、碗、碟、匙、杯、筷子、牙签等。盘分大盘和小盘，大盘纯属摆设，除了用来压住餐布的一角，别无他用。小盘用来盛放吃剩下的骨、壳、皮等垃圾，也可以暂时放筷子夹过来的菜，但不能端起来使用；小碗是用来盛汤的，用筷子去夹汤汁较多的菜时，可以端起小碗去接；杯分为红酒杯、白酒杯以及水杯。

西式餐具的摆设

正面位置放食盘，左手位放叉，右手位放刀。食盘上方放匙，再上方放酒杯，右起依次为烈性酒杯或开胃酒杯、葡萄酒杯、香槟酒杯、啤酒杯。餐巾插在水杯内或摆在食盘上。面包、奶油放在左上方。吃正餐时，刀叉数目应与上菜道数相等，并按上菜顺序由外向里排列，刀口向内。用餐时可按此顺序使用，吃一道，换一套刀叉，撤盘时一并撤去使用过的刀叉。

中式餐具的摆设

大盘正对椅子，离身体最近；小盘叠在大盘之上，餐巾布折花放在小盘上；大盘前放小碗，小瓷汤勺放在碗内；小碗右侧依次放味碟、筷子架，筷子尾端与大盘齐平；大盘左前侧放置酒杯与水杯。

卧室时所有功能空间中最为私密的地方，布置饰品时要充分分析主人的喜好，巧妙利用专属于卧室的饰品，能轻易地为卧室空间增添情趣。

- 现代简约风格卧室选择饰品时，一方面要注重整体线条与色彩的协调性，另一方面要考虑收纳装饰效果，要将实用性和装饰性合二为一。尽量让饰品和整体空间融为一体。

- 新古典主义卧室的饰品在选择上可以多采用单一的材质肌理和装饰雕刻，尽量采用简单元素。如床头柜上的水晶台灯，造型复古的树脂材质的银铂金相框等；卧室梳妆台上可以摆放不锈钢材质的首饰架，加上华丽的珠宝耳环的点缀，和印度进口的首饰盒成为新古典风格的最佳配备。

- 美式风格的卧室在饰品的选择上注重色差和质感的效果，从复古做旧的实木相框、细麻材质抱枕，建筑图案的挂画，都可以成为美式风格卧室中的主角。

- 新中式风格的卧室可以选择既保留了中式元素但线条经过简洁处理的饰品，如彩陶台灯、中式屏风、根雕作品等，让简单的工艺透出中式文化的厚重底蕴。

现代简约风格

布置现代简约风格卧室的饰品要考虑整体协调

新中式风格

青花图案的抱枕在新中式卧室中起到点睛作用

新古典风格

水晶配铜蝴蝶结把手的首饰盒成为新古典风格卧室梳妆台上很好的摆设

美式风格

表面斑驳的圆开木质挂画常用于美式风格卧室

书房是现代家居生活中不可缺少的一部分，它不仅是读书、工作的地方，更多的时候，也是一个体现居住者习惯、个性、爱好、品位和专长的场所。书房饰品的摆设既要考虑到美观性，更要考虑到实用性。

- 现代简约风格书房在选择饰品时，要求少而精，有时可运用灯光的光影效果，令饰品产生一种充满时尚气息的意境美。

- 新古典风格书房选择饰品时，要求具有古典和现代双重审美效果，如金属书挡、不锈钢烛台以及陶瓷的天使宝宝等。

- 美式风格书房选择饰品时，要表达一种回归自然的乡村风情，采用做旧工艺饰品是不错的选择，如仿旧陶瓷摆件、实木相框等。

- 新中式风格书房在工艺饰品的选择上注意材质和颜色不要过多，可以采用一些极具中式符号的装饰物，填充书柜和空余空间，摆设时注意呼应性。

现代简约风格

白色海马造型书挡显得清新简约

美式风格

地球仪是美式书房中常用的饰品

新古典风格

水晶球摆件是新古典书房的绝佳配饰

新中式风格

现代中式风格毛笔架给书房增添浓浓墨香

厨房在家庭生活中起着重要的作用，选择饰品时尽量考虑实用性，要考虑在美观基础上的清洁问题，还要尽量考虑防火和防潮，玻璃、陶瓷一类的工艺饰品是首选，容易生锈的金属类饰品尽量少选。

有一些专用于厨房的饰品也很有趣，比如，冰箱上吸附着的带磁性的小装饰，可以挂东西，也可以用来压住留言条。厨房中许多圆的、方的、草编的或是木制的小垫子，如果设计得好，也会是很好的装饰物。

◆ 厨房中的饰品可以更好地展现出生活气息

◆ 在搁板上陈列挂盘装饰

◆ 厨房中同样适合展现一些有趣且充满个性的饰品

◆ 选择与花砖图案相呼应的装饰画

卫浴间是每个家庭成员都能彻底享受完全私密的场所，选择合适的饰品对于提升家居档次能起到重要的作用。

卫浴间经常会有水气和潮气，所以最受欢迎的工艺饰品是陶瓷和塑料制品，这些装饰品即使颜色再鲜艳，在卫浴间也不会因为受潮而褪色变形，而且清洁起来也很方便。

为了保证卫浴间统一的风格，可以选择统一材质或颜色的装饰，如肥皂盒、洗浴套间、置物架、废纸盒等都使用塑料的，营造整体协调的感觉。

除了陶瓷和塑料之外，在卫浴间使用铁艺饰品也是不错的选择，例如铁艺毛巾架、手纸架、挂钩等等，而且也能起到实际的作用，让卫浴间使用起来更加便利。

◆ 卫浴间适合摆设不易受潮的玻璃器皿

◆ 人物塑像同时也有挂毛巾的功能

◆ 卫浴间盥洗台是摆设饰品的最佳位置

▷ 装饰挂件的搭配要点

Ⅰ 装饰挂镜的搭配应用

装饰挂镜的造型

在家居装饰中，不少户型都有面积窄小、进深过长、开间过宽等缺陷，运用挂镜做装饰既能够起到掩饰缺点的作用，又能够达到营造居室氛围的目的。如今挂镜的造型越来越多样化，也成为软装配饰的重要组成部分，进行软装搭配时应尽量选择一些装饰性比较强的镜面，和室内的家具相互调节搭配以此来提升空间品质感。

圆形挂镜

有正圆形与椭圆形两种，华丽典雅，风格复古，适合古典与奢华类家居风格，常单片使用，配合有雕塑感的镜框效果更佳。

曲线挂镜

边缘线条呈曲线状，造型活泼，风格独特，适合年轻活泼的家居风格，多片挂镜组合成造型使用效果更佳。

方形挂镜

有正方形与长方形两种，线条平直，风格简洁，适合现代简约家居风格，通常可一次选购两片或四片为一组，铺设成"一字形"或"田字形"效果更佳。

多边形挂镜

多边形挂镜棱角分明，线条不失美观，整体风格较为简约现代，是除了方形镜子外不错的选择。有的多边形挂镜带有金属镶边，增添了一些奢华感。

装饰挂镜的应用准则

如果使用挂镜装饰墙面的话，首先应该考虑挂镜的安装部位。有条件的话建议最好将挂镜安装在与窗子平行位置的墙面上，这样做最大的好处是可以将窗外的风景带到室内，从而大大加强居室的舒适感和自然感。如果无法将挂镜安装在与窗平行的位置，那么就要注意镜面的反射物的颜色、形状与种类。一般镜面的反射物越简单越好，否则很容易使室内显得杂乱无章。可以在挂镜的对面悬挂一幅画或干脆用白墙加大房间的景深。阳光照在镜面上会对室内造成严重的

光污染，不但起不到装饰效果，还会对家人的身体健康产生严重的影响。所以在为挂镜选择墙面时，一定要注意该墙面是否会被阳光直射，如果有的话应该坚决放弃。

安装挂镜首先要规划好高度，不同的房间对镜子的安装也有不同的要求。一般来说，小型的挂镜保持镜面中心离地 160~165cm 为佳，太高或者太低都可能影响到日常的使用。

镜面中心离地面距离
160~165cm

◆ 室内挂镜注意位置选择和高度的合理性

家居空间的装饰挂镜应用

很多人对于挂镜的用途仍停留在它最原始的功能基础上，出门前的衣装整理或是装扮仪容等。其实在家居空间中，镜面也有它的独特装饰作用。

客厅挂镜

挂镜可以给小客厅空间带来意想不到的效果，例如在沙发墙上安装大面挂镜，这样便可以映射出整个客厅的景象，空间仿佛扩大了一倍。

卧室挂镜

卧室中的挂镜可以挂在墙上、衣柜上或者衣柜门上，整理衣服更为方便。但是要注意卧室的床头墙上尽量不要采用整面的大挂镜，以免晚上起夜的时候会吓到。

玄关挂镜

直接对门的玄关不适合挂大面挂镜，可以设置在门的旁边；如果玄关在门的侧面，最好一部分放挂镜，和玄关成为一个整体；但如果是带有曲线的设计，也可以全用挂镜来装饰。

餐厅挂镜

在餐厅中挂挂镜不仅有丰衣足食的美好寓意，还可以增加空间感，一般常用在新古典、欧式以及现代风格的餐厅。如果有餐边柜，可以把挂镜悬挂在餐边柜的上方。

过道挂镜

在过道一侧的墙上安装挂镜既显得美观，又让人觉觉宽敞、明亮。过道中的挂镜宜选择大块面的造型，横竖均可，小挂镜起不到扩大空间的效果。

卫浴间挂镜

挂镜是卫浴间中必不可少的装饰，美化环境的同时方便整理仪容，通常的做法是将挂镜悬挂在盥洗台的上方，也可用带点收纳功能的镜柜增加储物空间，小挂镜大利用。

2 装饰挂盘的搭配应用

　　以盘子作为墙面装饰，不局限于任何家居风格，各种颜色、图案和大小的盘子能够组合出不同的效果，或高贵典雅，或俏皮可爱。

　　无论什么材质，挂盘的图案一定要选择统一的主题，最好是成套系使用。装点墙面的盘子，一般不会单只出现，普通的规格起码要三只以上，多只盘子作为一个整体出现，这样才有画面感，但要注意不能杂乱无章。主题统一且图案突出的多只盘子巧妙地组合在一起，才能起到替代装饰画的效果。

◆ 富有装饰性的挂盘

　　挂盘需要配合整体的家居风格，这样才能发挥锦上添花的作用。

- 中式风格可以搭配青花瓷盘；
- 美式风格可搭配花鸟图案的瓷盘进行点缀；
- 田园风格还可以搭配一些造型瓷盘，比如蝴蝶、鸟类等；
- 明亮的北欧风格空间，白底蓝色图案的盘子显得既清爽又灵动。

◆ 中式风格挂盘

◆ 田园风格挂盘

TIPS

　　挂盘固定于墙面的方式是多种多样的，常见的有放置于铁或者木材质的盘子架上；还有一种特别的挂钩可以帮助盘子直接悬挂起来，挂钩固定住盘子的底部，悬挂到墙面上，从正面完全看不到痕迹。

◆ 美式风格挂盘

◆ 北欧风格挂盘

室内软装全案设计 · 237

▷ 装饰摆件的搭配要点

I 装饰摆件的材质类型

　　家居空间中摆放上一些精致的工艺品摆件，不仅可以充分地展现出居住者的品位和格调，还可以提升空间的格调，但在搭配时应注意摆件材质的选择。

木质装饰摆件

　　木质装饰摆件是以木材为原材料加工而成的工艺饰品，给人一种原始而自然的感觉。

水晶工艺品摆件

　　水晶工艺品摆件的特点是玲珑剔透、造型多姿，如果再配合灯光的运用，会显得更加透明晶莹，大大增强室内感染力。

陶瓷装饰摆件

　　家居陶瓷摆件大多制作精美，即使是近现代的陶瓷工艺品也具有极高的艺术收藏价值。但陶瓷属于易碎品，平时家居生活中要小心保养。

玻璃装饰摆件

　　玻璃装饰摆件的特点是玲珑剔透、晶莹透明、造型多姿。还具有色彩鲜艳的气质特色，适用于室内的各种陈列。

金属装饰摆件

　　用金、银、铜、铁、锡、铝、合金等材料或其他以金属为主要材料加工而成的工艺品统称为金属工艺饰品，风格和造型可以随意定制。

树脂装饰摆件

　　树脂可塑性好，可以任意被塑造成动物、人物、卡通等形象，几乎没有不能制作的造型，而且在价格上非常具有竞争优势。

软装工艺品摆件的风格多样，但也不是随便选择的。如果想让室内空间看起来比较有整体性的话，在进行工艺品摆件的搭配时就要和室内风格进行融合。

- 中式风格客厅内多采用对称式布局方式，在工艺品摆件和花器的选择上多以陶瓷制品为主，盆景、茶具也是不错的选择。既能体现出居住者高雅的品位，也更适合营造端庄融洽的气氛，但应注意工艺品摆件摆放的位置不能遮挡人的正常视线。

- 工业风格的室内空间陈设无须过多的装饰和奢华的摆件，一切以回归为主线，越贴近自然和结构原始的状态越能展现该风格的特点。搭配用色不宜艳丽，通常采用灰色调。

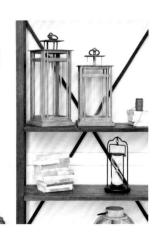

- 在简约风格空间中使用一些比较简洁精致的摆件。通常选择与室内风格相一致，而颜色又形成一些对比的工艺品摆件，搭配出来的效果会比较好。

- 美式风格空间常用一些有历史感的元素，软装工艺品摆件上追求一些仿古艺术品，表达一种回归自然的乡村风情。

- 东南亚风格的装饰无论是材质或颜色都崇尚朴实自然，饰品色彩大多采用原始材料的颜色，棕色系、咖啡色、白色是常用颜色，营造出古朴天然的空间氛围。

- 北欧风格中那份简洁宁静的特质是空间精美的装饰。围绕蜡烛而设计的各种烛灯、烛杯、烛盘、烛托和烛台是北欧风格的一大特色，它们可以应用于任何房间，为北欧冰冷的冬季带来一丝温暖。